AMBRA |V

Baukonstruktionen
Band 13

Herausgegeben von
Anton Pech

Anton Pech
Georg Pommer
Johannes Zeininger

Fassaden

AMBRA |**V**

Dipl.-Ing. Dr. techn. Anton Pech
Dipl.-Ing. Georg Pommer
Dipl.-Ing. Johannes Zeininger
Wien, Österreich

Der Abdruck der zitierten ÖNORMen erfolgt mit Genehmigung des Österreichischen Normungsinstitutes, Heinestraße 38, 1020 Wien.
Benutzungshinweis: ON Österreichisches Normungsinstitut, Heinestraße 38, 1020 Wien, Tel.: ++43-1-21300-805, Fax: ++43-1-21300-818, E-Mail: sales@on-norm.at

© 2014 AMBRA | V
AMBRA | V ist ein Unternehmen der Medecco Holding GmbH, Wien
Printed in Austria

Textkonvertierung und Umbruch: Medecco Holding GmbH
Korrektorat: Michael Walch, Wien
Druck und Bindearbeiten: Druckerei Theiss GmbH, St. Stefan im Lavanttal

Gedruckt auf säurefreiem, chlorfrei gebleichtem Papier

Mit zahlreichen (teilweise farbigen) Abbildungen

Bibliografische Information der Deutschen Nationalbibliothek
Die Deutsche Nationalbibliothek verzeichnet diese Publikation in der Deutschen Nationalbibliografie; detaillierte bibliografische Daten sind im Internet über <http://dnb.d-nb.de> abrufbar.

ISSN 1614-1288
ISBN 978-3-99043-086-6   AMBRA | V

VORWORT ZUR 1. AUFLAGE

Die Fachbuchreihe Baukonstruktionen mit ihren 17 Basisbänden stellt eine Zusammenfassung des derzeitigen technischen Wissens bei der Errichtung von Bauwerken des Hochbaues dar. Es wird versucht, mit einfachen Zusammenhängen oft komplexe Bereiche des Bauwesens zu erläutern und mit zahlreichen Plänen, Skizzen und Bildern zu veranschaulichen. Fassaden bestimmen das Bild unserer gebauten Umwelt, speziell der städtische Raum wird durch eine Abfolge von Fassaden begrenzt und definiert. Dieser Band der Fachbuchreihe beinhaltet das Themenfeld Fassade. Vom herkömmlichen Fassadenaufbau der Massivwände über hinterlüftete Fassadensysteme, Fertigteilfassaden und Sandwichkonstruktionen bis hin zu modernen Glaskonstruktionen wird ein strukturiert aufbereiteter Überblick geboten. Ausgehend von den bauphysikalischen und konstruktiven Randbe-dingungen werden die Fassadentypen und deren differenzierte Varianten unter Berücksichtigung der neuesten technischen Entwicklungen aufgearbeitet.

Fachbuchreihe BAUKONSTRUKT**I**ONEN

Band 1: Bauphysik

Band 2: Tragwerke

Band 3: Gründungen

Band 4: Wände

Band 5: Decken

Band 6: Keller

Band 7: Dachstühle

Band 8: Steildach

Band 9: Flachdach

Band 10: Treppen / Stiegen

Band 11: Fenster

Band 12: Türen und Tore

Band 13: Fassaden

- ▶ Grundlagen und Anforderungen
- ▶ Putzfassaden
- ▶ Wärmedämmverbundsysteme
- ▶ Leichte Wandbekleidungen
- ▶ Massive Wandbekleidungen
- ▶ Selbsttragende Fassaden
- ▶ Glasfassaden

Band 14: Fußböden

Band 15: Heizung und Kühlung

Band 16: Lüftung und Sanitär

Band 17: Elektro- und Regeltechnik

INHALTSVERZEICHNIS

130.1   Grundlagen und Anforderungen **1**

   130.1.1   Fassade versus Gebäudehülle   1
      130.1.1.1   Die Fassade eines Hauses ist Gesicht und Maske zugleich .   1
      130.1.1.2   Fassade, ihre ursprüngliche Bedeutung   1
   130.1.2   Stilkonzepte in der Neuzeit   2
      130.1.2.1   Vitruv und die „Zehn Bücher über Architektur"   3
      130.1.2.2   Renaissance   3
      130.1.2.3   Barock   4
      130.1.2.4   Rokoko   5
      130.1.2.5   Klassizismus   5
      130.1.2.6   Historismus   6
      130.1.2.7   Jugendstil   6
      130.1.2.8   Neue Sachlichkeit, Funktionalismus   7
      130.1.2.9   Postmoderne   8
      130.1.2.10 Nachhaltiges Bauen   9
      130.1.2.11 Internationale Stararchitektur   9
   130.1.3   Die Fassade als Kommunikator   10
      130.1.3.1   Die Fassade, als Ausdruck der Stilepoche   10
      130.1.3.2   Die Fassade, als Ausdruck der Bauweise   11
   130.1.4   Die Fassade als Konditionierungsgrenze   12
   130.1.5   Anforderungen   13
      130.1.5.1   Wärmeschutz   14
      130.1.5.2   Schallschutz   15
      130.1.5.3   Brandschutz   16
      130.1.5.4   Kondensation – Feuchteschutz   18
      130.1.5.5   Witterungsschutz (Schlagregen)   18
      130.1.5.6   Statik   19
   130.1.6   Gesetzliche Bestimmungen   24
   130.1.7   Fassadenwartung   27

130.2   Putzfassaden **29**

   130.2.1   Ein Geschichtlicher und architektonischer Überblick   29
   130.2.2   Entwicklung der Putze   35
   130.2.3   Putzuntergründe   37
      130.2.3.1   Mauerwerk   38
      130.2.3.2   Beton   38
      130.2.3.3   Mantelbeton und Holzwolle-Leichtbauprodukte   38
      130.2.3.4   Holz und Holzwerkstoffe   38
      130.2.3.5   Dämmstoffe   38
      130.2.3.6   Putzträger   39
   130.2.4   Putzaufbau und Materialien   40
      130.2.4.1   Bindemittel   41
      130.2.4.2   Baustellengemischte Putzmörtel   43
      130.2.4.3   Werktrockenmörtel   43
      130.2.4.4   Pastöse Putzmörtel (Kunstharzputze)   44
      130.2.4.5   Gipsputz   45
      130.2.4.6   Putze mit besonderen Eigenschaften   47
   130.2.5   Putzaufbringung   49
      130.2.5.1   Untergrundprüfung   49
      130.2.5.2   Untergrundvorbereitung   51
      130.2.5.3   Putzaufbringung   51

130.2.5.4   Putzdicken.   53
130.2.5.5   Putzarmierung   54
130.2.5.6   Putzoberflächen   54
130.2.6   Putzfugen   57
130.2.6.1   Sockelausbildungen   58
130.2.6.2   Dehnfugen   59
130.2.6.3   Putztrennfugen   60
130.2.6.4   Kantenausbildungen   60
130.2.6.5   Anschlussfugen.   61
130.2.7   Zier- und Gestaltungselemente   61

130.3   Wärmedämmverbundsysteme **65**
130.3.1   Funktionsweise.   65
130.3.2   Dämmstoffe   67
130.3.2.1   Expandiertes Polystyrol (EPS)   68
130.3.2.2   Mineralwolle (MW)   69
130.3.2.3   Expandierter Kork (ICP)   69
130.3.2.4   Mineralschaumplatten.   69
130.3.2.5   Holzweichfaserplatten   70
130.3.2.6   Extrudiertes Polystyrol (XPS)   70
130.3.2.7   Phenolharz-Hartschaumstoff (PF).   70
130.3.3   Montage   70
130.3.3.1   Verklebung   70
130.3.3.2   Dübelung   72
130.3.4   Deckschicht   74
130.3.4.1   Unterputz   74
130.3.4.2   Oberputz   75
130.3.5   Verarbeitungsregeln   75
130.3.6   Planungsdetails   78
130.3.6.1   Sockelabschluss   78
130.3.6.2   Sockel- und Perimeterdämmung   78
130.3.6.3   Eckausbildung und Profile   79
130.3.6.4   Abschlüsse   80
130.3.6.5   Fugen   81

130.4   Leichte Wandbekleidung **87**
130.4.1   Fassadengestaltung.   87
130.4.2   Anforderungen   90
130.4.3   Aufbau und Funktionsweise hinterlüfteter Fassaden   92
130.4.4   Unterkonstruktionen   94
130.4.4.1   Materialien Unterkonstuktion   95
130.4.4.2   Verankerungs- und Befestigungselemente   95
130.4.4.3   Dämmstoffe.   96
130.4.5   Materialien für die Wandbekleidung   97
130.4.5.1   Holz und Holzwerkstoffe   97
130.4.5.2   Faserzementplatten   99
130.4.5.3   Dachziegel, Dachplatten   101
130.4.5.4   Metallfassaden   101
130.4.5.5   Kunststoffplatten (HPL-Platten).   103

130.5   Massive Wandbekleidungen. **109**
130.5.1   Angemörtelte Bekleidungen   110
130.5.2   Mauerwerksysteme   112
130.5.2.1   Sichtmauerwerk.   112
130.5.2.2   Zweischaliges Mauerwerk, Vormauerung   113

130.5.3   Natursteinfassaden   114

130.5.4   Keramische Platten   118

130.5.5   Betonfertigteilelemente   119

130.6   Selbsttragende Fassaden   127

130.6.1   Vorhangfassaden (Curtain-Walls)   127

130.6.2   Sandwichelement-Fassaden   130

130.6.2.1   Schwere Sandwich-Konstruktionen   133

130.6.2.2   Leichte Sandwich-Konstruktionen   136

130.7   Glasfassaden   137

130.7.1   Glas in der Architektur   137

130.7.2   Vorschriften für Glasfassaden   140

130.7.3   Vorgehängte Glasfassaden   140

130.7.4   Doppelfassadensysteme   142

130.7.4.1   Abluftsysteme   144

130.7.4.2   Zweite-Haut-Systeme   144

130.7.5   Schrägverglasungen   144

Quellennachweis   149

Literaturverzeichnis   151

Sachverzeichnis   157

130.1 GRUNDLAGEN UND ANFORDERUNGEN

Fassaden bestimmen das Bild unserer gebauten Umwelt. Städtischer Raum wird durch eine Abfolge von Fassaden begrenzt und definiert. Auch das ästhetische Spannungsfeld von „Haus und Landschaft" wird wesentlich von der Fassadenwirkung und deren stilistischer Ausprägung in Bezug zum Umraum sowie deren Wechselwirkung bestimmt.

Baugesetzgebung wie auch Normenwelt beschäftigen sich in einem erheblichen Ausmaß mit Fassaden. Grund für diese Auseinandersetzung ist, dass die Fassaden, als Bauteil für den Schutz des bewohnten Raumes zuständig, bauphysikalischen und baustatischen Anforderungen zu genügen haben. Die Bauprodukten-Richtlinie mit den sechs wesentlichen Anforderungen gibt den Rahmen für die Baugesetzgebung vor. Die Hauptmerkmale sind neben der mechanischen Festigkeit und Standsicherheit aufgrund der heutigen Anforderungen die Bereiche Wärme-, Schall- und Brandschutz.

130.1.1 FASSADE VERSUS GEBÄUDEHÜLLE

Der Weg der technischen Gebäudehülle zur architektonisch gegliederten Fassade als Teil der Baukultur soll in den nachfolgenden Kapiteln dargestellt und die bauphysikalischen Anforderungen das Bild der heutigen Fassadentechnik in Ergänzung zum Band 1: Bauphysik [9] abrunden.

130.1.1.1 DIE FASSADE EINES HAUSES IST GESICHT UND MASKE ZUGLEICH

Zu Beginn wird in diesem Band versucht, einen Schnellüberblick über die wesentlichen Stilepochen und deren Hauptthemen in Bezug auf die Gestaltung und Wirkung von Fassadenkonzepten zu geben. Die Betrachtungen beginnen mit der Neuzeit, die der Epoche des Mittelalters und der Gotik nachfolgt. Mit ihr tritt auch der Architekt als persönlich Verantwortlicher des Planungsprozesses in den Vordergrund und löst das zünftische Wesen der Bauhütten ab. Eine sich neu entwickelnde Architekturtheorie verfolgt ab da als einen wesentlichen Teil von Architektur die ästhetischen und konstruktiven Belage der Fassadenausbildung.

Beispiel 130.1-01: Fassade als Gesicht und Maske

(1) Haus am Michaelerplatz, A. Loos, Wien, A
(2) Bauhaus, W. Gropius, Dessau, D

130.1.1.2 FASSADE, IHRE URSPRÜNGLICHE BEDEUTUNG

Facies, lateinisch – face, englisch – Die Fassade ist das Angesicht eines Gebäudes, durch das man einerseits zur Straße, zum Platz, zur Öffentlichkeit des städtischen

Raumes in die Welt hinausschaut und das sich andererseits durch die Fassaden als Element nach außen präsentiert.

Ihre aus der Wortbedeutung abgeleitete Funktion ist daher die Repräsentation einer Werthierarchie im Machtgefüge einer Gesellschaft. Die Fassade gibt Auskunft über die Bedeutung des Bauwerkes oder seiner Eigentümer und wird dadurch zum wesentlichen Kommunikator im öffentlichen Raum.

Die besondere Bedeutung einer Schauseite, der Fassade, ist aus der dichten Aneinanderreihung der Häuser in den Machtzentren der wachsenden europäischen Städte zu verstehen, wo die Objekte als *„Persönlichkeiten"* in ihren Teilen mit aus der menschlichen Physiognomie entlehnten Begriffen wie „Angesicht" und „(Bau-) Körper" benannt wurden. Der Vergleich ihrer Öffnungen mit den menschlichen Augen, durch die sie den Betrachter auf unterschiedliche Weise anblicken, liegt nahe.

Beispiel 130.1-02: Fassade als urbanistisches Codierungswerkzeug

(1) großstädtischer Straßenraum
(2) serielle Platzbebauung

130.1.2　STILKONZEPTE IN DER NEUZEIT

Die Planungskonzepte, Baumethoden und Bautechnologien der Neuzeit sind seit dem Mittelalter von einer Rationalisierung des Herstellprozesses geprägt. Durch die Weiterentwicklung der Staatsgefüge und Herrschaftsgebiete bildete sich, getragen von dem zentralstaatlichen Staatsmodell des Machiavellismus (Niccolò di Bernardo dei Machiavelli 1469–1527 Florenz), eine Reihe von neuen Verwaltungs- und Versorgungsaufgaben heraus, die die Weiterentwicklung von Gebäudetypen erforderlich machten.

Über die Jahrhunderte setzte eine Spezialisierung der Projektbeteiligten ein. Mit dem Ausbau eines komplexen Staatswesens wurden Bauaufgaben immer klarer in einen öffentlichen und privatwirtschaftlichen Sektor geteilt, die nach unterschiedlichen Rahmenbedingungen mit einer zunehmenden Spezialisierung des Raumprogramms abgewickelt wurden. Parallel dazu trachteten nun spezialisierte Planer, die Architektenschaft, die Gebäude in der formalen und ästhetischen Ausgestaltung dem jeweiligen Geist der Zeit und dem kulturellen Diskurs anzupassen. Im Vordergrund stand zu Beginn der Drang, architektonisch aktuell, also auf dem neuesten Stand des kulturellen wie technologischen Baugeschehens zu sein. Erst im 19. Jahrhundert, mit der Verwissenschaftlichung der Erkenntnisse, wurden die geschichtlichen Bauten nach Stilmerkmalen kategorisiert und stilistisch einzelnen Stilrichtungen zugeordnet. Parallel wurde durch die Akademisierung der Berufsausbildung ein intellektueller wie ästhetischer Zugriff auf alle Elemente der Stilkunde möglich, die im Baustil des Historismus des 19. Jhd. Ausdruck fand. Die typische

Frage dieser Epoche lautete: In welchem Stile sollen wir bauen? Diese wurde je nach Bauaufgaben, gesellschaftlicher Stellung und politischer Zuordnung des Auftraggebers unterschiedlich beantwortet.

Mit Beginn des 20. Jhd. wurde in der Architekturtheorie die Bedeutung des Funktionellen, des Herstellungsvorgangs und des Materials auf die Ästhetik des Bauens erkannt. Ausgehend von Arts-and-Crafts-Bewegungen in England und dem Jugendstil, wo das gediegen hergestellte handwerkliche Produkt im Vordergrund stand, wurde dieser Ansatz im Bauhaus der Zwischenkriegszeit durch die Neue Sachlichkeit auf die industrielle Produktionsweise mit ihren Neuerungen bei Technik und Material angewandt. Rationale Architektur und die große Stückzahl für eine Massengesellschaft waren Leitlinien für diese Entwicklung. In der Postmoderne in der 2. Hälfte des 20. Jhd. kam es zu einer Gegenströmung, die sich an formalen Attributen historischer Bauten anlehnte und diese neu zu interpretieren suchte. Der aktuelle architektonische Diskurs ist von der Energieeffizienz von Gebäuden geprägt, deren Umsetzung zu neuen ästhetischen Ansätzen führt und stilbildend werden kann.

130.1.2.1 VITRUV UND DIE „ZEHN BÜCHER ÜBER ARCHITEKTUR"

Mit Beginn der Neuzeit, im beginnenden 15. Jahrhundert, wird in der Baukunst mit Ende des Mittelalters an den Theorien Vitruvs (Marcus Vitruvius Pollio war römischer Architekt, Ingenieur und Schriftsteller des 1. Jahrhunderts v. Chr. und Verfasser der „Zehn Bücher über Architektur") und des klassischen Zeitalters angeknüpft. Für die Rezeption in der Renaissance war Vitruv dadurch die Autorität, um sich aus den mittelalterlichen Zunft- und Bauhüttentraditionen zu lösen.

In der Baukunst entwickelte sich im beginnenden neuzeitlichen Fassadenaufbau ein neuer tektonischer Zugang. Der angestrebte *„klassische Stil"* mit einem sowohl strukturellen wie auch romantischen Rückbezug auf die griechische und römische Baukunst, wurde als Renaissancestil entwickelt.

Beispiel 130.1-03: Fassade als Proportionskonstrukte

(1) Torhalle Lorsch um 770
(2) die ideale Stadt um 1470

130.1.2.2 RENAISSANCE

Die enorme Bautätigkeit in Florenz als Wiege der Renaissance, zu dieser Zeit eine der dynamischsten Wirtschaftsmetropolen der bekannten westlichen Welt, bildete den Hintergrund für die Entwicklung dieser neuen ästhetischen Gebäudekomposition. Wesentlichstes Element der neuen Stadtpaläste war die Außenwirkung des Gebäudes im Kontext des Stadtraums. Die Schaufassade bildete im Regelfall auch baulich im Gebäude ein eigenes strukturelles Element. Durch eine abgezirkelte Ordnung wurden die Einzelelemente zu einem möglichst klar und rational erfassbaren Ganzen.

Beispiel 130.1-04: Renaissance-Fassaden

(1) Cancelleria 1483–1511, Rom, I
(2) Wasserschloss Chenonceau 16. Jhd., F

Vitruv's kanonisches System der Säulenordnung, bei dem sich der Modul der Säulenordnung vom Durchmesser der Säule ableitete, wurde von der aus dem mittelalterlichen Zunftwesen nun heraustretenden Architektenschaft in eine komplexere ästhetische modulare Gestaltungsordnung weiterentwickelt. Diese regelte die Proportions-, Material- und Technikmerkmale des Fassadensystems. Als wesentliche Ordnungskriterien, deutliches Unterscheidungsmerkmal gegenüber den mittelalterlichen Prinzipien, wurden die horizontale Schichtung in Sockelgeschoß, Hauptgeschoß und Obergeschoß und der Abschluss der Fassade durch ein weit ausladendes Gesimse neu eingeführt.

Die gleichmäßige Austeilung der Fenster, die eine ästhetisch wirksame Einfassung erhielten, und die optische Trennung der geschoßweisen Fassadenteile mit durchlaufenden Gesimselinien bewirkten einen in sich ruhenden, imposanten regelhaften Eindruck der Schauseiten. Konstruktiv wurden diese Schaufassaden als mächtige Schildwände konzipiert, die die weit auskragenden Hauptgesimse trugen und deren Fensteröffnungen durch die Mauerdicke in sich als kleinräumliche Strukturen ausgebildet wurden.

130.1.2.3   BAROCK

Ab circa 1575 bis 1770 entwickelte sich ein neuer Stil, der politisch durch den aufkommenden Absolutismus geprägt war. Die neuentwickelte Raumkunst ist durch eine üppige, immer raffinierter konzipierte Prachtentfaltung gekennzeichnet. Es ist eine Stärkung des strukturellen Zusammenhangs von Innen und Außen und die Abkehr von der Schildwand hin zur räumlichen Struktur (Lesbarkeit der inneren Raumzuschnitte) festzustellen.

Beispiel 130.1-05: Barock-Fassaden

(1) Piazza Navona, Zeichnung B. Piranesi, Rom, I
(2) Sant'Andrea Al Quirinale 1658–1670, Bernini

Das Pathos des Barock wurde im Zuge der Gegenreformation und der Verherrlichung des absolutistischen Herrschers durch Axialität, Symmetrie und Volumskonzentration voll entfaltet.

130.1.2.4 ROKOKO

Charakteristisch in diesem Bau- und Dekorationsstil (ca. 1710 bis 1730), der kunstgeschichtlich auch als Spätform des Barocks gedeutet werden kann, sind überbordende Verzierungen an Bauten, Innenräumen, Möbeln und Geräten. Der Verzicht auf Symmetrie, die im Barock noch als wichtiges Element des omnipotenten Machtanspruchs genutzt wurde, macht nun Platz für romantische, pittoreske Arrangements. Bei der Fassadengestaltung treten an die Stelle fester, abgezirkelter Formen leichte, zierliche, gewundene Linien und häufig rankenförmige Umrandungen. Diese bewusste Abkehr von der Symmetrie zu floralen Linien wurde später im Jugendstil, ebenfalls in einer Situation des „Fin de Siècle", wieder aufgegriffen.

Beispiel 130.1-06: Rokoko-Fassaden

(1) Kernhaus Fassade 1738, Wasserburg am Inn, D
(2) Kurfürstliches Palais um 1760, Trier, D

130.1.2.5 KLASSIZISMUS

Die Epoche des Klassizismus (etwa zwischen 1770 und 1830) verfolgte erneut den künstlerischen Rückgriff auf antike griechische oder römische Vorbilder vor dem Hintergrund der Aufklärung und des Entstehens eines wirtschaftlich und intellektuell erstarkenden Bürgertums. Wie in der Renaissance wird an die politischen und philosophischen Strukturen der Antike angeknüpft, der Schwerpunkt jedoch auf die Rationalität und Zweckhaftigkeit der antiken Organisationsformen gelegt.

Beispiel 130.1-07: Klassizismus-Fassaden

(1) Palais Coburg um 1840, Wien, A
(2) Neue Wache 1816–18, F. Schinkel, Berlin, D

Stilistisch noch vorwissenschaftlich fantasievoll als eigenständiger Formenkanon entwickelt, wird die Fassadengestaltung von klaren tektonischen Ordnungen und einfach
proportionierten Bauvolumen geprägt, die einen reduzierten und zugleich konzentrier-
ten Umgang mit plastischen Formen aufweisen. Als Neoklassizismus wurde diese
Stilrichtung zu Beginn des 20. Jahrhunderts erneut wiederbelebt.

130.1.2.6 HISTORISMUS

Der Historismus ist als fließender Übergang (ca. 1850 bis 1900) zu vorangegangenen
Strömungen entstanden. Geprägt vom beginnenden Aufbau eines wissenschaftlichen
Erkenntnisgebäudes wurde in dieser Epoche zum ersten Mal eine kategorisierende
Stilforschung entwickelt. Der Zugang zur klassisch-antikisierenden Formensprache
wurde wissenschaftlich und eklektisch, also auf formale Aspekte beschränkt.

Beispiel 130.1-08: Historismus-Fassaden

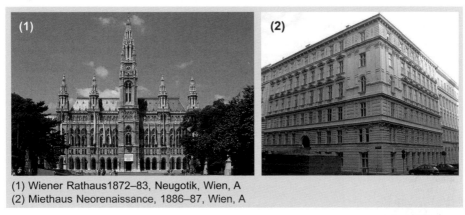

(1) Wiener Rathaus 1872–83, Neugotik, Wien, A
(2) Miethaus Neorenaissance, 1886–87, Wien, A

Historismus als Stil versteht sich als pluralistischer Kanon von unterschiedlichen Stilen
aus allen Epochen (Neuromanik, Neugotik, Neorenaissance, Neobarock, Neorokoko
etc.), die entsprechend gesellschaftlichen und funktionellen Aufgabenstellungen gezielt
eingesetzt wurden. Dieses *„repräsentative"* und zugleich breite stilistische Angebot unter
Verwendung der neuen industriellen Fertigungsmethoden entsprach der beginnenden
Massengesellschaft des 19. Jahrhunderts und deren neu organisierten Klassen besser
als der spartanische Stil der ersten Jahrhunderthälfte des aufgeklärten Klassizismus. Die
üppige, stilreferenzierende Dekorausstattung ergab mit einer Vielzahl von neuen Gebäudetypen eine als einheitlich empfundene Stil- und Bauepoche. Die Fassadenkonzeption,
bedingt durch die gegenüber historischen Epochen wesentlich größeren Maßstäbe und
Bebauungsdichten, führte zu völlig neuen, den neuen Baumaterialien und Bautechniken
entsprechenden Ansätzen, wo die Dekorierung als konnotiertes Stilzitat eingesetzt wurde.

130.1.2.7 JUGENDSTIL

Um 1895 beginnt die Stilrichtung des Jugendstils, der auf der Suche nach neuen
stilistischen Ausdrucksmitteln, Ornamente ohne historischen Bezug verwendete. Analog zur früher einsetzenden Arts-and-Crafts-Bewegung in Großbritannien werden als
Reaktion auf die schablonenhafte Massenfertigung des Historismus qualitativ hoch-
stehende handwerkliche Fertigkeiten wieder belebt und künstlerische Originalität mit
handwerklicher Produktqualität neu verknüpft. Gleiches gilt für den Expressionismus,
der in der Architektur mit dem Ende des Ersten Weltkrigs für kurze Zeit (mit Schwerpunkt in Deutschland) einsetzt. Zu dieser Zeit kommt der Historismus mit seiner
schematisierten Massenproduktion stilistisch zu einem abrupten Ende.

Beispiel 130.1-09: Jugendstil-Fassaden

(1) Wienzeile 38, 1899, O. Wagner, Wien, A
(2) Miethaus Reök-Palota 1907, E. Magyar, Szeged, U

130.1.2.8 NEUE SACHLICHKEIT, FUNKTIONALISMUS

Bereits vor dem 1. Weltkrieg entstanden neben dem Jugendstil stilistische Strömungen, die der industriellen Produktion unter den Bedingungen einer sich formierenden urbanen Massengesellschaft einen adäquaten Formausdruck verleihen wollten und eine Gegenposition zum ebenfalls aufkommenden, konservativ ausgerichteten, *„Heimatschutzstil"* bezogen. Mit der Gründung des Deutschen Werkbundes 1907 wurden in Ausstellungen und Publikationen die Begriffe *„Sachlichkeit"*, *„Zweckhaftigkeit"* und *„moderner Zweckstil"* zusammen mit den ersten Ansätzen zu einem „Industrial Design" entwickelt.

Beispiel 130.1-10: Neue-Sachlichkeit-Fassaden

(1) Siedlung Riederwald, 1926–27, Frankfurt a. M., D
(2) Wohnhaus in Wimbledon, 1934–35, London, GB

Beispiel 130.1-11: Nachkriegsmoderne-Fassaden

(1) Wohnblock Hansaviertel 1957; A. Aalto, Berlin, D
(2) Wohnanlage Arndtstraße 1977–80, Wien, A

Die zunehmende Urbanisierung und die politischen Auswirkungen des 1. Weltkrieges führten zu einem wachsenden Bedarf an neuem Wohnraum und neuen Siedlungsformen. Neue Materialien und neue Bautechniken wie Stahlprofile, Skelettbau, große Glasrasterflächen, Leichtbau und vorgefertigte Bauelemente sowie die Mechanisierung des Bauprozesses führten auch zu neuen Ansätzen bei der Fassadengestaltung. Der Funktionalismus brachte eine an der Gebäudenutzung ausgerichtete weitere formale Auffächerung der Gebäudetypen. Die Gestaltung der Fassade verweist nun unvermittelt auf die Nutzung und Bauweise des Gebäudes. Allegorische Verzierungen als Baudekor werden stilistisch überflüssig.

Das Bauhaus als Ausbildungs- und Forschungsstätte erlangte in der Zwischenkriegszeit in Europa mit der Entwicklung von maschinenorientierter Gestaltung Vorreiterrolle. *„Form follows function"*, eine These, die bereits um 1900 vom Hauptvertreter der Chicagoer Schule, dem Architekten Louis Sullivan, in Bezug auf die ersten Hochhausbauten postuliert wurde und nun zum allgemeinen strukturellen Gestaltungskonzept wird. Diese Entwicklung vertieft und verbreitet sich auf den gesamten Baubereich und wird nach dem 2. Weltkrieg zur weltweiten Gestaltungs- und Produktionsmaxime. In dieser Phase, bedingt durch die Entwicklung des Skelettbaus, entwickelt sich neben der traditionellen Fassadenwand mit immer größer werdenden Öffnungen ein völlig neuer Typus von Fassade durch die *„Curtainwall-Fassade"*. Diese ist nun nicht mehr eine massive, zumeist tragende Wand mit eingeschnittenen Öffnungen, sondern definiert sich als nichttragender durchsichtiger Vorhang bzw. Hüllmantel des Gebäudes.

130.1.2.9   POSTMODERNE

Die Massenbauproduktion in immer größeren Einheiten, ein einseitig auf Wachstum ausgelegter Städtebau, der erste Ölschock der 70er Jahre und das Stagnieren funktioneller Aspekte der Architektur und des Städtebaus führten in den 80er Jahren (Beginn in den USA in den 60ern) des 20. Jahrhunderts zu einer stilistischen und urbanistischen Gegenbewegung. Ausgehend von semiotischen Ansätzen sollte eine allgemein verständliche Zeichenhaftigkeit der gebauten Umwelt wiedererlangt und der „Anonymität der Moderne" entgegengesetzt werden. In Rückbesinnung auf geschichtliche Vorbilder und Archetypen wurden Notationen entwickelt, die den Kommunikationsfluss zwischen Gebäuden und Nutzern wieder herstellen sollten.

Beispiel 130.1-12: Postmoderne-Fassaden

(1) Wohnbauten 1983–86, R. Krier, Wien, A
(2) Geschäftshaus Poultry, 1998, J. Sterling, London, GB

Die Fassade wird dabei zum Bedeutungsträger des Gebäudes, das dem Betrachter „Geschichten erzählt". Die Konstruktion wird verziert und oft mit provozierend bunten Farben, die Fassaden oft mit einem Mix aus Glas und Mauerwerk sowie verfremdenden Maßstabsverschiebungen ausgestattet. Die Fassadengestaltung und Bauform soll sich dabei in Vorhandenes einordnen und auf den spezifischen Ort reagieren. Als Motto gilt: Nicht „form follows function", sondern „form follows fiction".

130.1.2.10 NACHHALTIGES BAUEN

Durch Themen wie Klimawandel, Ressourcenknappheit, Transferleistungen, Globalisierung, begleitet durch einen Entwicklungsschub der Computer- und Netztechnologie, ist die Entwicklung der Architektur und des Städtebaus seit den 90er Jahren des 20. Jahrhunderts von Konzepten für Nachhaltigkeit geprägt. Als Motto gilt nun: „form follows energy". Fassaden werden zunehmend als Subsystem des „Gesamtsystems Gebäude" aufgefasst. Stilistisch prägen Themen wie optimierte Nutzung des Tageslichts, energetische Autarkie, Verwendung von nachwachsenden Rohstoffen und erneuerbaren Energien, der ethnisch- kultureller Kontext, die barrierefreie Gestaltung, die Nutzungsdauer und das Nachnutzungspotential, geringe Betriebs- und Unterhaltskosten sowie die Rückführung des Gebäudes in den Stoffkreislauf am Ende seiner Bestandsdauer den Gestaltungs- und Entwicklungsprozess von Gebäuden.

Die Gestaltung des öffentlichen Raums und der Städte ist vom Ruf nach mehr Lebensqualität geprägt. Eine verbesserte empirische Datenerfassung und Analyse erlaubt dabei eine immer präziser werdende systemische Planung, die auch formale Aspekte mit einschließt. Gebäude der Zukunft und insbesondere deren Fassaden werden zukünftig als bedeutende Energieerzeugungsstätten gesehen, wodurch an die Fassadendefinition völlig neue Anforderungen zu stellen sind.

Beispiel 130.1-13: Eco-Fassaden

(1) Siedlung Mühlweg, 2006, J. Kaufmann, Wien, A
(2) Marco Polo Tower, 2006–11, Behnisch, Hamburg, D

130.1.2.11 INTERNATIONALE STARARCHITEKTUR

Im Zuge der Globalisierung der Wirtschaftsentwicklung bildete sich seit den 90er Jahren des 20. Jahrhunderts parallel zu ökologischen Strömungen eine international tätige Elite des Architekturdesigns als gestalterisch tonangebende Kraft. Diese kommunizierten die Codes des Investmentkapitals und öffentlicher Großaufträge entsprechend der neuen medialen Plattformen einer Informationsgesellschaft in atemberaubenden Entwürfen und Schaubildern einer neuen, potenteren Welt. Als methodischer Grundtenor dieser global agierenden „Player" ist eine auf Originalität und Branding abzielende Arbeitsweise festzustellen. Rationalistische und symbolistische Konzepte werden dabei in virtuosen Entwürfen zu einem immer neuen „Unikat" des „sowohl als auch" weitergetrieben. Die Zeichenhaftigkeit der Gebäudeaußenwirkung erlangt dabei eine überproportionale Bedeutung gegenüber der Funktionsplanung, die sich zumeist auf konventionelle Marktvorgaben beschränkt. Die Bedeutung von Betriebskosten, Energieeffizienz und Ressourcen schonendem Bauen wurde zumeist ausgeblendet. Erst in den letzten Jahren ist bei den Planungskonzepten ein Umdenken festzustellen und es bleibt abzuwarten, wieweit ungebremster Formwille und die Anforderung des Branding gepaart mit dem Anspruch nach effizientem Einsatz von Mitteln neue nachhaltige Entwicklungen einläuten können.

Beispiel 130.1-14: Stararchitektur

(1) WU Library & Learning Center, Z. Hadid, Wien, A
(2) The Nest, Herzog de Murean, Peking, CHN

130.1.3   DIE FASSADE ALS KOMMUNIKATOR

Betrachtet man die unterschiedlichen architektonisch-gestalterischen Ausformungen von Fassaden, kann zusammenfassend gesagt werden: In die Ausgestaltung der Schauseiten eines Gebäudes wurden in allen Epochen der Baukunst wichtige Informationen über kulturelle, wirtschaftliche und hierarchische Codes der jeweiligen Epoche einbezogen. Die Kontinuität der dabei maßgeblichen künstlerischen Ausdrucksformen wird in diesem Buch nur an den Schnittstellen zu den jeweiligen Fassadentechnologien behandelt. Heute wird im bautechnischen Umfeld der Terminus Fassade auch oft als Synonym für Außenwand verwendet.

130.1.3.1   DIE FASSADE, ALS AUSDRUCK DER STILEPOCHE

Fassaden lassen sich hinsichtlich der Gestaltung, des Materials, der Konstruktion und des Energietransfers unterscheiden. Die Gestaltung der Fassade ist ein wichtiges Thema der Architektur und der konstruktive Aufbau dieses Bauteils ist ein komplexes Objekt der Bautechnik. Die einzelnen Teile einer Fassade, wie Fenster, Gesimse, Oberflächengliederungen oder Blendsäulen, aber auch Fixverglasungen, hinterlüftete Fassaden oder integrierter Sonnenschutz bei modernen Konstruktionen bezeichnet man als Fassadenelemente. Im denkmalpflegerischen Kontext wird fachlich auch von der „Instrumentierung einer Fassade" mit unterschiedlichen Elementen gesprochen und deren innerer Aufbau stilistisch analytisch definiert.

Beispiel 130.1-15: Fassade als Ausdrucksmittel

(1) Wohnbau mit differenzierter Fassade
(2) Sanatorium Purkersdorf, 1904–05, J. Hoffmann

Mit dem Begriff der Fassade sind daher in erster Linie der gestalterische Ausdruck der Gebäudeoberfläche und der Eindruck, den eine Gebäudeansicht auf der emotionalen Ebene beim Betrachter auslöst, gemeint.

Nach heutigem Verständnis schließt der Begriff Fassade auch alle anderen Gebäudeaußenflächen bis hin zur Dachfläche, als sogenannte fünfte Fassade, mit ein, da es durch die Dynamisierung der Baukörperformen schwierig wurde, vertikale und schräge Oberflächen in ihren Übergängen zu Dachflächen abzugrenzen. Der Baukörper wird als Skulptur wahrgenommen, was gestalterisch die Gleichwertigkeit der Fassadenwirkung aller Oberflächen bringt.

130.1.3.2 DIE FASSADE, ALS AUSDRUCK DER BAUWEISE

Beispiel 130.1-16: Baustoff- und Formmetamorphose

(1) Rundhütte in Binsenflechtwerk
(2) Trulli aus geschichtetem Trockenmauerwerk
(3) Lehmbau in Ghana
(4) Steinhaus in geschichtetem Trockenmauerwerk

Beispiel 130.1-17: Struktur und Volumen

(1) Moschee in Djenne, Lehmbau, Mali
(2) Steinhaus in Steindorf, G. Domenig, A

Baugeschichtlich betrachtet sind bereits bei archaischen Bauformen grundsätzlich Unterschiede bei deren Fassadenkonzeption festzustellen.

Erste Massivbauten wurden von Ackerbau betreibender, sesshafter Bevölkerung errichtet und genutzt. In ihrer einfachsten Form als simple Raumzellen ausgebildet, waren sie oft nur mit einer Öffnung ausgestattet, die Zugang, Belichtung und Ausblick bot. Die durch die Öffnung hervorgehobene Wand wurde als *„Schaufassade"* in vielen Kulturen formal durch Gliederungen und Verzierungen, oft kultischen Ursprungs, hervorgehoben. Abgestimmt auf die klimatischen und technologischen Rahmenbedingungen entwickelte sich analog zur zunehmenden Komplexität der Raumzellenstruktur, auch der Lochanteil und dessen Ausformung sowie der Gestaltungscanon der Fassade.

Nomadisierende Völker als Jäger und Sammler, später auch als Viehhalter, verwendeten seit jeher als Behausung Leichtkonstruktionen, die auf- und abgebaut werden konnten. Deren Struktur wird im Regelfall durch eine stabförmige Tragstruktur und eine membranartige Bespannung gekennzeichnet. In ihrer einfachsten Form als Jurte oder Zelt ist in der Hüllfläche zumeist, wie beim Massivbau, nur eine Zugangsöffnung vorhanden. Auch Verzierung und Schmuckelemente der *„Schaufassade"* sind bekannt. Erlauben die klimatischen Verhältnisse eine weitergehende Öffnung, wird die Raumhülle einen Teil aufgerollt, um größeren Ausblick und Öffnung zu gewähren. Auch bei der heutigen Fassadengestaltung wird in die zwei unterschiedlichen Prinzipien unterschieden:

- Fassadenwand mit Öffnungen, Fassade als tragende Außenwand, Massivbau Lochfassade
- Hüllfläche auf Skelettkonstruktion, Skelettbau ausfachend, bekleidend – vorgehängt

130.1.4   DIE FASSADE ALS KONDITIONIERUNGSGRENZE

Bei zeitgemäßer energetischer Betrachtung von Fassaden tritt die Bedeutung von deren Begrenzung von Innen und Außen zugunsten der Differenzierung in künstlich konditionierte und unkonditionierte Bereiche zurück. Statt der Fassaden gewinnt daher der allseitig anwendbare Begriff der Hüllfläche bautechnisch an Bedeutung. Diese bildet die Trennung des Innenklimas vom Außenklima eines Gebäudes. Die ursprüngliche Bedeutung der Fassade als räumliche Trennung von Außen und Innen, als Schutzfunktion für Menschen, Tiere und Vorräte verliert dabei an Bedeutung.

Die moderne Fassade, besser gesagt Gebäudehülle (GH),übernimmt damit den wesentlichen Dienst von Hochbauten (im Unterschied von sonstigen Bauwerken wie Brücken, Dämme usw.), gewünschte und dem Zweck entsprechend gestaltete und konditionierte Innenräume zu begrenzen. Je extremer das Außenklima sich vom Innenklima unterscheidet, desto komplexer wird die Technik der Gebäudehülle.

Die aktuelle Aufgabenstellung in der Fassadentechnologie ist von den gleichzeitig steigenden Ansprüchen der divergierenden Faktoren Raumkomfort, Energieeffizienz und Klimaextreme geprägt. Die technischen Lösungen von Fassadensystemen müssen aber auch den Kriterien einer Ressourcen schonenden, recyclefähigen und insgesamt nachhaltigen Bauweise standhalten.

Die Leistungsfähigkeit des GH-Systems steht in direkter Wechselwirkung zu Energieverbrauch und Haustechnik-Aufwand für Kühlen, Heizen, Lüften und Belichtung. Je flexibler sich die GH, vergleichbar den Aufgaben der menschlichen Haut, Klima regulierend verhalten kann, desto schlanker und energiesparender können die Haustechnik-Systeme ausgelegt werden.

Beispiel 130.1-18: Fassade als Klimahülle

(1) Acadèmie de formation 1997–99, Herne-Sodingen, D
(2) Novartis-Gebäude in Basel, F. Gehry, CH
(3) Fassadensanierung, Sauerbruch Hutton, Berlin, D
(4) IBN, Behnisch, Wageningen, NL

Auch bei der bautechnischen Betrachtung spielen die Öffnungen für die Interaktion mit der Außenwelt, Licht, Luft und Sonne einzulassen, eine wesentliche Rolle. Der gewählte Anteil transparenter oder transluzenter und opaker Fassadenflächen entscheidet über Licht- und Raumstimmung ebenso wie über den Energiehaushalt des Objektes.

Folgende Anforderungen an die Gebäudehülle müssen abgewogen werden:
- Schutz und Sicherheit
- Optimierung der Tageslichtnutzung (Sonnen-, Blendschutz, Lichtlenksysteme)
- Außenkontakt (Ausblick, Einblick, Öffnen, Schließen, fließende Übergänge)
- Optimierung des Energiehaushaltes (Transparenz, solare Gewinne, Sonnenschutz, Wärmedämmung)
- Dichtheit und Feuchtigkeitshaushalt
- Natürliche Lüftung und Ventilation

Fazit:

Das technische Resultat der Fassade entsteht im Zusammenspiel des angestrebten architektonischen Ausdrucks, der Sparsamkeit des Energiehaushalts in der Wechselwirkung von Außenklima und Komfortansprüchen und der baukonstruktiven Ausformulierung der Außenwand als Teil des Tragwerks oder tragwerkunabhängiger Konstruktion.

130.1.5 ANFORDERUNGEN

Die Anforderungen an Fassaden sind, basierend auf den Baugesetzgebungen bzw. den statischen Vorgaben wie Eurocodes, in dem heutigen Konzept in den Richtlinien des Österreichischen Instituts für Bautechnik zusammengefasst (OIB-Richtlinien). Die Auflistung der gibt einen Überblick über die umfangreichen Anforderungen am Beispiel von vorgehängten hinterlüfteten Fassaden.

Tabelle 130.1-01: Anforderungen an Fassaden – ÖNORM EN 13830 [116]

Widerstand gegen Windkraft
Eigenlast
Stoßfestigkeit
Luftdurchlässigkeit
Schlagregendichtheit
Luftschalldämmung
Wärmedurchgang
Feuerwiderstand
Brandverhalten
Brandausbreitung
Dauerhaftigkeit
Wasserdampfdurchlässigkeit
Potenzialausgleich
Erdbebensicherheit
Temperaturwechselbeständigkeit
Gebäude- und thermische Bewegungen
Widerstand gegen dynamische Horizontalkräfte

130.1.5.1 WÄRMESCHUTZ

Unabhängig von der Einhaltung energetischer Kennzahlen zum gesamten Bauwerk und der Erstellung eines Energieausweises (siehe Band 1-1 Energieeinsparung und Wärmeschutz, Energieausweis, Gesamtenergieeffizienz [10]) dürfen beim Neubau oder der Renovierung eines Gebäudes oder Gebäudeteiles sowie bei der Erneuerung eines Bauteiles bei konditionierten Räumen die maximalen Wärmedurchgangskoeffizienten (U-Werte) der wärmeübertragenden Bauteile nicht überschritten werden (OIB Richtlinie 6 [32]). Auf jeweilige landesgesetzliche Bestimmungen oder eine strengere Forderung aus Förderungsbestimmungen ist gesondert zu achten.

Beispiel 130.1-19: Einfluss der Verankerung auf den Wärmeschutz

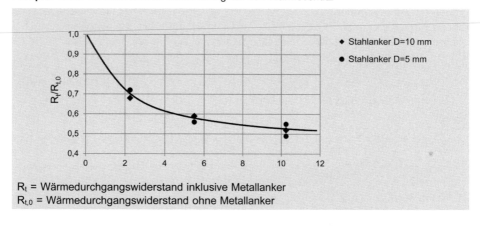

R_t = Wärmedurchgangswiderstand inklusive Metallanker
$R_{t,0}$ = Wärmedurchgangswiderstand ohne Metallanker

Einen nicht unerheblichen Einfluss auf den Wärmeschutz des Bauteils Außenwand haben auch Befestigungen. Diese können Wärmebrücken darstellen und dadurch den Wärmeschutz der Außenwand mindern. Beispiel 130.1-19 zeigt den Einfluss einer Befestigung mithilfe von Metallankern auf den Wärmedurchgangswiderstand einer Außenwand.

Tabelle 130.1-02: Anforderungen Wärmeschutz Fassaden – OIB RL6 [32]

Bauteil	U-Wert [W/m²K]
WÄNDE gegen Außenluft sowie gegen unbeheizte oder nicht ausgebaute Dachräume	0,35
WÄNDE gegen unbeheizte, frostfrei zu haltende Gebäudeteile (ausgenommen Dachräume) sowie gegen Garagen	0,60
WÄNDE erdberührt	0,40
WÄNDE (Trennwände) zwischen Wohn- oder Betriebseinheiten	0,90
WÄNDE gegen andere Bauwerke an Grundstücks- bzw. Bauplatzgrenzen	0,50
WÄNDE kleinflächig gegen Außenluft (z.B. bei Gaupen), die 2% der Wände des gesamten Gebäudes gegen Außenluft nicht überschreiten, sofern die ÖNORM B 8110-2 (Kondensatfreiheit) eingehalten wird	0,70
WÄNDE (Zwischenwände) innerhalb von Wohn- und Betriebseinheiten	–
FENSTER, FENSTERTÜREN, VERGLASTE TÜREN jeweils in Wohngebäuden (WG) gegen Außenluft[2]	1,40
FENSTER, FENSTERTÜREN, VERGLASTE TÜREN jeweils in Nicht-Wohngebäuden (NWG) gegen Außenluft[2]	1,70
sonstige TRANSPARENTE BAUTEILE vertikal gegen Außenluft	1,70
sonstige TRANSPARENTE BAUTEILE horizontal oder in Schrägen gegen Außenluft	2,00
sonstige TRANSPARENTE BAUTEILE vertikal gegen unbeheizte Gebäudeteile[1]	2,50
DACHFLÄCHENFENSTER gegen Außenluft	1,70
TÜREN unverglast, gegen Außenluft	1,70
TÜREN unverglast, gegen unbeheizte Gebäudeteile	2,50
TORE Rolltore, Sektionaltore u.dgl. gegen Außenluft	2,50
INNENTÜREN	–
DECKEN und DACHSCHRÄGEN jeweils gegen Außenluft und gegen Dachräume (durchlüftet oder ungedämmt)	0,20

[1] Die Konstruktion ist auf ein Prüfnormmaß von 1,23 m x 1,48 m zu beziehen, wobei die Symmetrieebenen auf den Rand des Normmaßes zu legen sind

[2] Bezogen auf ein Prüfnormmaß von 1,23 m x 1,48 m

130.1.5.2 SCHALLSCHUTZ

Da Fassaden einen Teil der Außenwände darstellen, haben sie auch einen nicht unerheblichen Anteil an der Erfüllung der Schallschutzanforderungen der Gebäudehülle. Diese Anforderungen sind in der OIB Richtlinie 5 [35] und der ÖNORM B 8115-2 [80] nunmehr in Abhängigkeit der gebietsbezogenen Schallimmission enthalten.

Tabelle 130.1-03: Planungsrichtwerte für gebietsbezogene Schallimmissionen – ÖNORM B 8115-2 [80]

Bauland	Gebiet	A-bewerteter äquivalenter Dauerschallpegel, $L_{A,eq}$ dB	
		bei Tag	bei Nacht
1	Ruhegebiet, Kurgebiet	45	35
2	Wohngebiete in Vororten, Wochenendhaus-Gebiete, ländliches Wohngebiet	50	40
3	städtisches Wohngebiet, Gebiet für Bauten land- und forstwirtschaftlicher Betriebe mit Wohnungen	55	45
4	Kerngebiet (Büros, Geschäfte, Handel und Verwaltung ohne Schallemission sowie Wohnungen), Gebiet für Betriebe ohne Schallemission	60	50
5	Gebiete für Betriebe mit geringer Schallemission (Verteilung, Erzeugung, Dienstleistung, Verwaltung)	65	55

Für genauere Angaben zur Schallimmission können in Österreich auch die Lärmkarten des Bundesministeriums für Land- und Forstwirtschaft, Umwelt und Wasserwirtschaft (www.laerminfo.at) herangezogen werden.

Der maßgebliche standortbezogene und gegebenenfalls bauteillagebezogene Außenlärmpegel ist nach dem Stand der Technik getrennt für Tag (06:00 bis 22:00 Uhr) und Nacht zu erheben, wobei der jeweils ungünstigere Wert für die Ermittlung der Anforderungen heranzuziehen ist.

Tabelle 130.1-04: Mindesterforderliche Schalldämmung von Außenbauteilen – ÖNORM B 8115-2 [80]

Bauteile von zu schützenden Räumen (Aufenthaltsräume)	Mindestschallschutz in dB ($R'_{res,w}$, R'_w, R_w bzw. $R_w + C_{tr}$) für maßgebliche Außenlärmpegel-Stufen							
	Tag	≤ 50	51–55	56–60	61–65	66–70	71–75	76–80
	Nacht	≤ 40	41–45	46–50	51–55	56–60	61–65	66–70
Wohngebäude, -heime, Hotels, Schulen, Kindergärten, Krankenhäuser, Kurgebäude u. dgl.								
Außenbauteile gesamt	$R'_{res,w}$	33	38	38	43	43	48	53
Opake Außenbauteile[1]	R_w	43	43	43	48	48	53	58
Fenster und Außentüren[1][2]	R_w	28	33	33	38	38	43	48
	$R_w + C_{tr}$	23	28	28	33	33	38	43
Verwaltungs- und Bürogebäude u. dgl.								
Außenbauteile gesamt	$R'_{res,w}$	33	33	33	33	38	43	48
Opake Außenbauteile[1]	R_w	43	43	43	43	43	48	53
Fenster und Außentüren[1][2]	R_w	28	28	28	28	33	38	43
	$R_w + C_{tr}$	23	23	23	23	28	33	38

[1] Bei einem Flächenanteil der Fenster und Außentüren von mehr als 30 % der Fläche des raumbezogenen Außenbauteils sind die erforderlichen Schalldämm-Maße für die Erfüllung des resultierenden Mindestschalldämm-Maßes entsprechend ihrem Flächenanteil zu bemessen.

[2] Fenster, Fenster- und Außentüren und damit vergleichbare Fassadenbauteile.

Die Anforderungen der OIB Richtlinie 5 [35] ermöglichen eine feinere Abstufung in Abhängigkeit des Außenlärmpegels, ergeben aber die identen Werte der in der ÖNORM B 8115-2 [80] enthaltenen Forderungen bei Ansatz der jeweils oberen Zonengrenzen (siehe 130.1.6).

130.1.5.3 BRANDSCHUTZ

Die Brandschutzanforderungen an Fassaden ergeben sich einerseits aus den feuerpolizeilichen Bestimmungen und andererseits auch aus den Vorgaben des Berufsfeuerwehrverbandes. Zusammenfassend wurden diese Anforderungen in der OIB-Richtlinie 2: Brandschutz [28] für die einzelnen Gebäudeklassen GK 1 bis GK 5, herausgegeben. Die Gebäudeklassen sind in den Begriffsbestimmungen zu den OIB-Richtlinien [27] sowie in der ÖNORM B 3806 [70] definiert. Da die Inhalte der OIB-Richtlinien teilweise in Widerspruch zum Inhalt der ÖNORM B 3806:2005 [71] standen, wurden in der Überarbeitung der ÖNORM B 3806:2012 [70] nur mehr diejenigen Inhalte bzw. Tabellen aufgenommen, die nicht in den OIB-Richtlinien enthalten sind.

Die Baustoffklassifizierung nach EN 13501-1 [114] umfasst hinsichtlich der Brennbarkeit sieben Klassen (A1, A2, B, C, D, E und F) für Wand- und Deckenbekleidungen, ergänzend ist noch die Klassifizierung der Rauchentwicklung (s1, s2, s3) und die Klassifizierung des brennenden Abtropfens/Abfallens (d0, d1, d2) festgelegt (siehe auch Band 1: Bauphysik [9] und Band 1-2: Brandschutz).

Die Tabelle 130.1-06 enthält noch zahlreiche Fußnoten, die Bedingungen für eine abweichende Festlegung der Anforderungen ermöglichen. Zusätzliche Anforderungen können je nach Baustoff bzw. Bauweise im Zuge des Bauverfahrens festgelegt werden.

Tabelle 130.1-05: Definition der Gebäudeklassen – Begriffsbestimmungen OIB-RL [27] und ÖNORM B 3806 [70]

Gebäudeklasse	Definition
GK1	Freistehende, an mindestens drei Seiten auf eigenem Grund oder von Verkehrsflächen für die Brandbekämpfung von außen zugängliche Gebäude mit nicht mehr als drei oberirdischen Geschoßen und mit einem Fluchtniveau von nicht mehr als 7 m, bestehend aus einer Wohnung oder einer Betriebseinheit von jeweils nicht mehr als 400 m² Brutto-Grundfläche der oberirdischen Geschoße.
GK 2	Gebäude mit nicht mehr als drei oberirdischen Geschoßen und mit einem Fluchtniveau von nicht mehr als 7 m, bestehend aus höchstens fünf Wohnungen bzw. Betriebseinheiten von insgesamt nicht mehr als 400 m² Brutto-Grundfläche der oberirdischen Geschoße; Reihenhäuser mit nicht mehr als drei oberirdischen Geschoßen und mit einem Fluchtniveau von nicht mehr als 7 m, bestehend aus Wohnungen bzw. Betriebseinheiten von jeweils nicht mehr als 400 m² Brutto-Grundfläche der oberirdischen Geschoße.
GK 3	Gebäude mit nicht mehr als drei oberirdischen Geschoßen und mit einem Fluchtniveau von nicht mehr als 7 m, die nicht in die Gebäudeklassen 1 oder 2 fallen.
GK 4	Gebäude mit nicht mehr als vier oberirdischen Geschoßen und mit einem Fluchtniveau von nicht mehr als 11 m, bestehend aus einer Wohnung bzw. einer Betriebseinheit ohne Begrenzung der Grundfläche oder aus mehreren Wohnungen bzw. mehreren Betriebseinheiten von jeweils nicht mehr als 400 m² Brutto- Grundfläche der oberirdischen Geschoße.
GK 5	Gebäude mit einem Fluchtniveau von nicht mehr als 22 m, die nicht in die Gebäudeklassen 1, 2, 3 oder 4 fallen, sowie Gebäude mit ausschließlich unterirdischen Geschoßen.
Hochhaus	Gebäude mit einem Aufenthaltsraumniveau von mehr als 22 m

Für die Einstufung in Gebäudeklassen bleiben Flächen in unterirdischen Geschoßen außer Betracht.

Tabelle 130.1-06: Anforderungen Brandschutz Fassaden – OIB RL2 [28], RL 2.3 [31]

Bauteil	GK 1	GK 2	GK 3	GK 4	GK 5	Hochhaus
Außenwand-Wärmedämmverbundsysteme						
Klassifiziertes System	E	D	D	C-d1	C-d1	A2-d1
Fassadensysteme, vorgehängte hinterlüftete, belüftete oder nicht hinterlüftete						
Klassifiziertes System	E	D-d1	D-d1	B-d1[1]	B-d1[2]	A2-d1
Klassifizierte Komponenten:						
Außenschicht	E	D	D	A2-d1[3]	A2-d1[4]	A2-d1
Unterkonstruktion stabförmig	E	D	D	D	C	A2
Unterkonstruktion punktförmig	E	D	A2	A2	A2	A2
Dämmschicht	E	D	D	B[3]	B[4]	A2
Außenwandbekleidungen	E	D-d1	D-d1	B-d1[5]	B-d1[6]	A2-d1
Bekleidungen und Beläge, Gänge und Treppen außerhalb von Wohnungen						
Klassifiziertes System	–	D	D	C	B	A2
Klassifizierte Komponenten:						
Außenschicht	–	D	D	C[5]	B	A2
Unterkonstruktion	–	D	D	A2[5]	A2[5]	A2
Dämmschicht	–	C	C	C	A2	A2
Wand- und Deckenbeläge	–	D-d0	D-d0	C-s1,d0	B-s1,d0	A2-s1,d0
Bekleidungen und Beläge, Treppenhäuser						
Klassifiziertes System		D	C	B	A2	A2
Klassifizierte Komponenten:						
Außenschicht	–	D	C[5]	B	A2	A2
Unterkonstruktion	–	D	A2[5]	A2[5]	A2	A2
Dämmschicht	–	C	C	C	A2	A2
Wand- und Deckenbeläge	–	D-s1,d0	D-s1,d0	B-s1,d0	A2-s1,d0	A2-s1,d0

[1] Es sind auch Holz und Holzwerkstoffe in D zulässig, wenn das klassifizierte Gesamtsystem die Klasse D-d0 erfüllt;

[2] Bei Gebäuden mit nicht mehr als fünf oberirdischen Geschoßen und einem Fluchtniveau von nicht mehr als 13 m sind auch Holz und Holzwerkstoffe in D zulässig, wenn das klassifizierte Gesamtsystem die Klasse D-d0 erfüllt;

[3] Bei einer Dämmschicht/Wärmedämmung in A2 ist eine Außenschicht in B-d1 oder aus Holz und Holzwerkstoffen in D zulässig;

[4] Bei einer Dämmschicht/Wärmedämmung in A2 ist eine Außenschicht in B-d1 zulässig; bei Gebäuden mit nicht mehr als fünf oberirdischen Geschoßen und einem Fluchtniveau von nicht mehr als 13 m sind bei einer Dämmschicht/Wärmedämmung in A2 auch Holz und Holzwerkstoffe in D zulässig;

[5] Es sind auch Holz und Holzwerkstoffe in D zulässig;

[6] Bei Gebäuden mit nicht mehr als fünf oberirdischen Geschoßen und einem Fluchtniveau von nicht mehr als 13 m sind auch Holz und Holzwerkstoffe in D zulässig;

Wesentlich ist, dass auch die zusätzlichen Ausführungsdetails beachtet werden. Diese Ausführungsdetails befinden sich beispielsweise in den Produkt- und Anwendungsnormen. Die Normen ÖNORM B 6400 [76] bzw. die ÖNORM B 6410 [77] beschreiben beispielsweise ab einer Dämmstoffdicke von mehr als 10 cm zusätzliche brandschutztechnische Maßnahmen ab der Gebäudeklasse GK 2.

130.1.5.4 KONDENSATION – FEUCHTESCHUTZ

Neben den wärmetechnischen Eigenschaften ist auch der Feuchteschutz, insbesondere der Schutz vor schädlichem Kondensat zu beachten. Die ÖNORM B 8110-2 [79] enthält für die Berechnung des Dampfdiffusionsstromes bzw. der Kondensatanfälligkeit die Vorgaben bzw. auch die Anforderungen.

Unter Kondensationsschutz im Hochbau im Sinne der ÖNORM B 8110-2 [79] sind alle baulichen Maßnahmen zu verstehen, die unter den kennzeichnenden Betriebsbedingungen des Innenraumes (Temperatur und Luftfeuchtigkeit) und den maßgebenden Außenluftbedingungen (Temperatur und Luftfeuchtigkeit) eine solche Temperatur an der inneren Oberfläche der Außenbauteile sichern, dass einerseits keine Wasserdampfkondensation erfolgt und andererseits Schimmelbildung hintangehalten sowie eine schädliche Wasserdampfkondensation im Inneren von Außenbauteilen verhindert wird.

Eine Forderung der ÖNORM geht beispielsweise dahin, dass Bauteile und Bauteilstöße (z.B. bei Fertigteil- und Leichtbauweise) warmseitig dicht abgeschlossen sein müssen – erforderlichenfalls durch spezielle konstruktive Maßnahmen –, um zu verhindern, dass Raumluft in die Baukonstruktion eindringt und Wasserdampfkondensation auftritt. Zur Vermeidung von Kondenswasserbildung an der inneren Oberfläche von Außenbauteilen ist der Wärmeschutz so zu bemessen, dass unter den zutreffenden Innen- und Außenluftbedingungen die Temperatur der inneren Oberfläche nicht unter die Taupunkttemperatur der Innenluft fällt.

Je nach konstruktiver Ausbildung, Nutzung oder äußeren Einflüssen ist das Kondensatverhalten zu bewerten bzw. zu berechnen. Insbesondere im Bereich der Sanierung ist bei zusätzlichen Applikationen von Gebäudehüllen zu beachten, ob eine Beeinträchtigung des Dampfdiffusionsverhaltens auftreten kann. Weitere Informationen sowie die erforderlichen Berechnungen sind im Band 1: Bauphysik [9] enthalten.

Ein typischer Lösungsansatz des Problems des Feuchtetransports über die Außenwand und die Umsetzung der Forderung nach Feuchteschutz (Schlagregen) ist die Bauweise einer hinterlüfteten Fassade. Durch die Trennung einer Ebene für den Witterungsschutz und einer Ebene für den Wärmeschutz bei gleichzeitiger Abfuhr von Kondensat über einen Hinterlüftungsspalt kann eine optimal dauerhafte und schadensfreie Fassade hergestellt werden. In Abschnitt 130.4 wird am Beispiel der leichten Wandbekleidungen auf die Konstruktionsart der hinterlüfteten Fassade eingegangen.

130.1.5.5 WITTERUNGSSCHUTZ (SCHLAGREGEN)

Fassaden bzw. Fassadenkonstruktionen stellen die unmittelbare Gebäudehülle dar. Der Witterungsschutz bzw. der Schutz vor Schlagregen stellt eine der wesentlichen Aufgaben dar. Entsprechende Anforderungen finden sich in den jeweiligen Produkt- bzw. Anwendungsnormen.

Das Fenster, als eines der bautechnisch anspruchsvollsten Bauteile der Außenhaut, wurde bereits sehr früh für Dämmschutz gegen Schlagregen, auch in Verbindung mit Winddruck, optimiert. Die Prüfanordnungen für die Schlagregenbeständigkeit basiert im Wesentlichen auf einer Kombination aus einer Niederschlagsmenge und einem Luftdruck. Daraus abgeleitet haben sich auch die Szenarien für die Beurteilung für hinterlüftete Fassadensysteme, für Wärmedämmverbundsysteme, aber auch für Putzfassaden.

Aufgrund der Tatsache, dass im europäischen Raum bevorzugte Windrichtungen (meist Westlage) für die Beurteilung maßgeblich sind und mithilfe von baulichen Maßnahmen auch ein konstruktiver Witterungsschutz erreicht werden kann (z. B. durch ein Vordach oder geschützte Lagen), kommt dem Witterungsschutz auch architektonische Bedeutung zu. Die Produktnormen für Fenster und Fenstertüren unterteilen sich daher konsequenterweise in Anforderungsszenarien für geschützte und freie Lagen. Die Forderungen für Fassadensysteme gehen in weiterer Folge von einer einheitlichen Bewitterungssituation aus.

Eine besondere Detailsorgfalt ist bei der Ausbildung von Anschlüssen und Durchdringungen anzuwenden. Ein Gutteil der Probleme bei undichten Fassaden rührt in der Regel von nicht ordnungsgemäß ausgeführten Anschlüssen her.

130.1.5.6 STATIK

Fassaden müssen hinsichtlich ihrer konstruktiven Betrachtung unterschieden werden in reine vorgesetzte Fassadensysteme, die nur die äußere Schicht der Wand betreffen, und in vollwertige, tragfähige Wandabschlüsse, die, ausgenommen die Lastabtragung aus dem Bauwerk, alle auf sie wirkenden Beanspruchungen aufnehmen und abtragen müssen. Für Fassaden typische Lastfälle betreffen hauptsächlich (siehe auch Band 2: Tragwerke [7]):

- Eigengewichtsbelastungen
- Windkräfte
- Horizontalkräfte auf Absturzsicherungen
- Erdbebeneinwirkungen
- In Sonderfällen Anfahrstöße und außergewöhnliche Ereignisse

Tabelle 130.1-07: Flächenlasten von Verkleidungen – ÖNORM B 1991-1-1 [45]

Baustoffschichten	Nennwerte [kN/m²]
Faserzementerzeugnisse	
Großtafeln 5,5 mm dick auf Lattung und Konterlattung	0,18
Platten auf Lattung und Konterlattung – Einfachdeckung	0,18
Platten auf Lattung und Konterlattung – Doppeldeckung	0,25
Wellplatten ohne Tragkonstruktion	0,10–0,15
Platten und Verkleidungen	
Blähtonplatten 4 cm dick	0,30
Blähtonplatten 10 cm dick	0,75
Gasbeton-Verblendplatten je cm Dicke	0,05
Gipskartonplatten 12,5 mm dick	0,13
Gipskartonplatten 3x15 mm dick	0,45
Holzwolle-Leichtbauplatten hart (schalldämmend) je cm Dicke	0,10
Holzwolle-Leichtbauplatten mittelhart (wärmedämmend) je cm Dicke	0,04–0,07
Holzwolle-Leichtbauplatten porös (Akustikplatte) je cm Dicke	0,03
Verfliesung auf Dünnbett	0,27
Verfliesung einschließlich Mörtelbett	0,50
Bleche	
Aluminiumblech 0,6 mm dick auf Schalung	0,28
Kupferblech mit doppelter Falzung, 0,6 mm dick auf Schalung	0,30
Eisenblech verzinkt, 0,6 mm dick auf Schalung	0,32
Zinkblech 0,6 mm dick auf Schalung	0,15
Trapezblech	0,08 bis 0,20
Sandwichkonstruktion Trapezblech (zweischalig), inkl. Schaumkern	0,40

Eigengewichtsbelastungen

Ständige Lasten sind die Eigenlasten der Baustoffe und Bauteile, das Eigengewicht. Sie können aus der EN 1991-1-1 [89] und ÖNORM B 1991-1-1 [45] ent-
nommen bzw. nach dieser ermittelt werden. Für nicht in der Norm angegebene
Baustoffe oder Bauteile ist das Eigengewicht entweder durch Vergleich mit ähn-
lichen Stoffen, durch Versuche oder aus den Herstellerangaben der Fassadensysteme zu ermitteln. Nach EN 1991-1-1 [89] werden z.B. Fassaden- und Wandbekleidungen als nichttragende Bauteile geführt.

Tabelle 130.1-08: Wichten von Fassadenbaustoffen – ÖNORM B 1991-1-1 [45]

Baustoffe	Nennwerte [kN/m³]
Mineralische Baustoffe	
Porenbeton	4,2–12,0
Polystyrolbeton (Beton mit EPS-Zuschlag)	5,0–9,5
Holzspanbeton	5,6–15,0
Beton mit Blähtonzuschlag	5,0–15,4
Leichtbeton	10,5–20,5
Normalbeton	24,0
Stahlfaserbeton	24,5
Stahlbeton	25,0
Schwerbeton	>26,0
Zementmörtel, Trasszementmörtel	21,0
Kalkzementmörtel, Lehmmörtel	20,0
Kalkmörtel, Kalkgipsmörtel, Kalktrassmörtel	18,0
Gipsmörtel	14,0
Natürliche Gesteine	
Basalt	30,0
Diorit, Gneis, Kalkstein dicht (Marmor, Dolomit, Muschelkalk), Schiefer	28,0
Granit, Syenit, Grauwacke, Serpentin	27,0
Quarzsandstein (dicht)	26,0
Basaltlava, Vulkantuffe, Konglomerate, Travertin	24,0
Kalkstein porös (Kalksandstein)	22,0
Kalktuffe	20,0
Holz und Holzwerkstoffe	
Hartholz europäischer Herkunft	8,0
Weichholz europäischer Herkunft	5,5
Laminate und Tischlerplatten aus Sperrholz	4,5
Holzwolle-Leichtbauplatten mineralisch gebunden	3,0–10,0
Weichfaserplatten	4,0
Faserplatten mittlerer Dichte (MDF-Platten)	8,0
Spanplatten organisch gebunden	7,0–8,0
Spanplatten zementgebunden	12,0
Hartfaserplatten	10,0
OSB-Platten	6,5
Metalle	
Kupfer	89,0
Stahl	78,5
Aluminium	27,0
Weitere Baustoffe	
Glas	25,0–30,0
Acrylglas	12,0
Schaumglas	1,2
Glas- oder Steinwolle	0,7–1,4
Hartschaumstoffe (Polystyrol)	0,3
Kork	3,0
Ziegel (Scherben)	16,0
Klinkerziegel	20,0

Windkräfte

Windkräfte auf Fassaden können entweder als Sogkräfte oder als Druckkräfte
auftreten. Die Ermittlung der Windbeanspruchung erfolgt unter Verwendung von
EN 1991-1-4 [90] sowie in Österreich der ÖNORM B 1991-1-4 [46].

Tabelle 130.1-09: Grundwerte Windgeschwindigkeit österreichischer Landeshauptstädte – ÖNORM B 1991-1-4 [46]

Ort	$v_{b,0}$ [m/s]	$q_{b,0}$ [kN/m²]
Wien	25,1 – 27,0	0,39–0,46
St. Pölten	25,8	0,42
Eisenstadt	24,6	0,38
Linz	27,4	0,47
Salzburg	25,1	0,39
Graz	20,4	0,26
Klagenfurt	17,6	0,19
Innsbruck	27,1	0,46
Bregenz	25,5	0,41
Mindestwert	17,6	0,19
Maximalwert	28,3	0,50

Tabelle 130.1-10: Geländekategorien nach EN 1991-1-4 [90]

0	See, Küstengebiete, die der offenen See ausgesetzt sind
I	Seen oder Gebiete mit niedriger Vegetation und ohne Hindernisse
II	Gebiete mit niedriger Vegetation wie Gras und einzelne Hindernisse (Bäume, Gebäude) mit Abständen von min. 20-facher Hindernishöhe
III	Gebiete mit gleichmäßiger Vegetation oder Bebauung oder mit einzelnen Objekten mit Abständen von weniger als der 20-fachen Hindernishöhe (z. B. Dörfer, vorstädtische Bebauung, Waldgebiete)
IV	Gebiete, in denen mindestens 15 % der Oberfläche mit Gebäuden mit einer mittleren Höhe von 15 m bebaut sind

Aus dem Grundwert der Basiswindgeschwindigkeit vb,0 errechnet sich dann unter Berücksichtigung der Geländekategorie (in Österreich nur II bis IV) der Böenstaudruck qp und daraus unter Einbeziehung der Bauwerksabmessungen und der Zonen der Wand die Windbeanspruchung auf die einzelnen Fassadenteile.

$$II: \quad q_p = q_{b,0} \cdot 2{,}10 \cdot \left(\frac{z}{10}\right)^{0,24}$$

$$III: \quad q_p = q_{b,0} \cdot 1{,}75 \cdot \left(\frac{z}{10}\right)^{0,29} \qquad\qquad (130.1\text{-}01)$$

$$IV: \quad q_p = q_{b,0} \cdot 1{,}20 \cdot \left(\frac{z}{10}\right)^{0,38}$$

Geländeform II : $z_{min} = 5\ m$
Geländeform III : $z_{min} = 10\ m$
Geländeform IV : $z_{min} = 15\ m$

$$w_{e,1} = q_p(z_e) \cdot c_{pe,1} \qquad c_{pe,1} = 1{,}25 \cdot c_{pe,10}$$
$$w_{e,10} = q_p(z_e) \cdot c_{pe,10} \qquad\qquad\qquad\qquad (130.1\text{-}02)$$

$w_{e,1}, w_{e,10}$	*Winddruck außen*	*[kN/m²]*
$q_p(z)$	*Böengeschwindigkeitsdruck*	*[kN/m²]*
z_e	*Bezugshöhe für Außendruck*	*[m]*
$c_{pe,1}, c_{pe,10}$	*aerodynamischer Beiwert für Außendruck*	*[-]*

Die aerodynamischen Beiwerte für Wandflächen hängen einerseits von der Ausbildung der Geometrie des Gebäudes, andererseits von der jeweiligen Anströmrichtung ab. Für die Dimensionierung von Verankerungen sind die Werte von $c_{pe,1}$, für die Windkräfte auf die Unterkonstruktion die Werte von $c_{pe,10}$ anzusetzen. Bei konstruktiv selbsttragenden Wandabschlüssen ist ergänzend zum Außendruck noch ein entsprechender Innendruck (siehe Band 2: Tragwerke [7]) zu berücksichtigen. Bei geschlossenen Wohn- und Bürogebäuden darf gemäß ÖNORM B 1991-1-4 [46] mit einem Innendruckbeiwert von $c_{pi,10}$ von +0,20 und -0,30 gerechnet werden,

Tabelle 130.1-11: Aerodynamische Beiwerte für Außendruck ÖNORM B 1991-1-4 [46]

h/b	$c_{pe,10}$ für prismatische Baukörper für Flächen A, B, C, E mit d/b von																				D
	≤0,2				0,7				1,0				2,0				5,0				
	A	B	C	E	A	B	C	E	A	B	C	E	A	B	C	E	A	B	C	E	
≤0,5	-1,00	-0,70	-0,40	-0,25	-1,00	-0,70	-0,40	-0,35	-1,00	-0,70	-0,40	-0,30	-1,00	-0,70	-0,40	-0,15	-1,00	-0,70	-0,40	-0,15	0,8
2	-1,20	-0,80	–	-0,35	-1,20	-0,90	–	-0,45	-1,20	-0,80	-0,45	-0,35	-1,10	-0,75	-0,40	-0,20	-1,10	-0,70	-0,40	-0,15	0,8
5	-1,35	-1,00	–	-0,50	-1,45	-1,10	–	-0,75	-1,30	-0,90	-0,50	-0,55	-1,25	-0,85	-0,45	-0,30	-1,20	-0,75	-0,40	-0,15	0,8
10	-1,50	-1,20	–	-0,75	-1,65	-1,30	–	-1,10	-1,40	-1,00	-0,60	-0,85	-1,35	-0,90	-0,50	-0,50	-1,30	-0,80	-0,45	-0,20	0,8
20	-1,65	-1,40	–	-1,00	-1,80	-1,50	–	-1,35	-1,50	-1,15	-0,70	-1,10	-1,45	-0,95	-0,55	-0,65	-1,35	-0,85	-0,50	-0,20	0,8
≥50	-1,75	-1,50	–	-1,20	-1,90	-1,70	–	-1,60	-1,60	-1,35	-0,85	-1,30	-1,50	-1,00	-0,60	-0,85	-1,40	-0,90	-0,50	-0,20	0,8

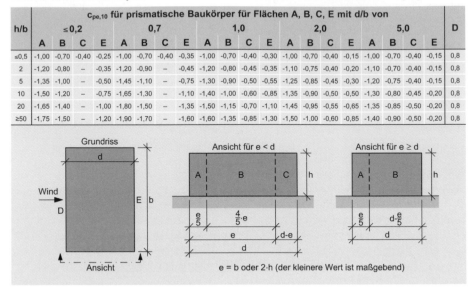

$e = b$ oder $2 \cdot h$ (der kleinere Wert ist maßgebend)

Horizontalkräfte auf Absturzsicherungen

Zur Sicherstellung eines genügenden Tragvermögens von Absturzsicherungen sind entsprechend der jeweiligen Nutzungskategorie der anschließenden Flächen horizontale Streckenlasten in der Höhe von bis zu 1,20 m über dem zu sichernden Gelände anzusetzen und in der Bemessung dieser Bauteile zu berücksichtigen.

Tabelle 103.1-12: Horizontalkräfte auf Absturzsicherungen nach ÖNORM B 1991-1-1 [45]

Nutzungskategorie	q_k [kN/m]
Kategorien A, B1: Wohngebäude, Büroflächen in bestehenden Gebäuden	0,5
Kategorien B2, C1 bis C4, D, E: Bürogebäude, Verkaufsflächen, Flächen mit Personenansammlungen (Schulen, Restaurants, Kirchen, Theater, Kinos etc.)	1,0
Kategorie C5: Bereiche mit Menschenansammlungen	3,0

Erdbebeneinwirkungen

Erdbeben sind fast immer Folgeerscheinungen von energetischen Entspannungen in Teilen der Erdkruste. Ein abrupter Spannungsabbau setzt riesige Energiemengen frei, welche sich in Form von seismischen Wellen radial in der Erdkruste ausbreiten. Wenn diese Energiewellen die Oberfläche erreichen, entstehen Bodenbewegungen – ein Erdbeben, welches Gebäude in Schwingungen versetzt. Nichttragende Teile (sekundäre seismische Bauteile) von Hochbauten, zu denen auch die einzelnen Fassadenelemente zählen, müssen, wenn sie im Versagensfall eine Gefahr für Personen darstellen oder das Haupttragwerk des Bauwerks oder die Funktionsfähigkeit kritischer Einrichtungen beeinträchtigen könnten, einschließlich ihrer Stützungen für die Aufnahme der Erdbebeneinwirkung nachgewiesen werden (siehe auch Band 2: Tragwerke [7]).

Tabelle 130.1-13: Erdbebenzonen und Referenzbodenbeschleunigung österreichischer Landes-hauptstädte – ÖNORM B 1998-1 [48]

Ort	Zonengruppe	$a_{gR}[m/s^2]$
Wien	2–3	0,70–0,80
St. Pölten	2	0,62
Eisenstadt	3	0,82
Linz	0	0,31
Salzburg	0	0,31
Graz	1	0,47
Klagenfurt	2	0,59
Innsbruck	4	1,09
Bregenz	1	0,48
Mindestwert (Braunau, Schärding)	0	0,18
Maximalwert (Nassfeld)	4	1,34

Die Beanspruchungsgrößen (Horizontalkraft F_a) infolge der Erdbebeneinwirkung auf die jeweiligen Fassadenelemente (nichttragende Bauteile) resultieren dabei aus der Referenzbodenbeschleunigung a_{gR} und dem Bodenparameter S am Standort des Bauwerkes sowie der Höhenlage z des Bauteils in Bezug zur Bauwerkshöhe H.

$$F_a = \frac{S_a \cdot W_a \cdot \gamma_a}{q_a} \qquad F_a = \frac{S_a \cdot W_a}{2} \qquad (130.1\text{-}03)$$

F_a	*horizontale Erdbebenkraft*	*[kN]*
S_a	*Erdbebenbeiwert nichttragender Bauteil*	*[-]*
W_a	*seismische Masse des Bauteils*	*[kN]*
γ_a	*Bedeutungsbeiwert des Bauteils = 1,0*	*[-]*
q_a	*Verhaltensbeiwert des Bauteils = 2,0*	*[-]*

$$S_a = \frac{a_{gR}}{g} \cdot S \cdot \left[\frac{3 \cdot \left(1 + \dfrac{z}{H}\right)}{1 + \left(1 - \dfrac{T_a}{T_1}\right)^2} - 0,5 \right] \qquad \text{mit} \quad z \neq H; \quad T_a \neq T_1$$

$$S_a = \frac{a_{gR}}{g} \cdot S \cdot \left[3 \cdot \left(1 + \frac{z}{H}\right) - 0,5 \right] \qquad \text{mit} \quad z \neq H; \quad T_a = T_1$$

$$S_a = \frac{a_{gR}}{g} \cdot S \cdot 2,5 \qquad \text{mit} \quad z = 0; \quad T_a = T_1$$

$$S_a = \frac{a_{gR}}{g} \cdot S \cdot 5,5 \qquad \text{mit} \quad z = H; \quad T_a = T_1$$

$$(130.1\text{-}04)$$

S_a	*Erdbebenbeiwert nichttragender Bauteil*	*[-]*
a_{gR}	*Referenzbodenbeschleunigung*	*[m/s²]*
g	*Erdbeschleunigung = 9,81*	*[m/s²]*
S	*Bodenparameter*	*[-]*
z	*Höhenlage des Bauteils*	*[m]*
H	*Bauwerkshöhe*	*[m]*
T_a	*Grundperiode des Bauteils*	*[s]*
T_1	*Grundperiode des Bauwerkes*	*[s]*

Für nichttragende Bauteile im Fassadenbereich sieht die EN 1998-1 [93] einen Bedeutungsbeiwert von 1,0 und einen Verhaltensbeiwert von 2,0 vor. Die sich aus der Berechnung ergebende horizontale Ersatzkraft F_a ist jeweils im Massenschwerpunkt des Bauteils in ungünstigster Richtung anzusetzen. Bei einer genaueren Betrachtung kann auch die jeweilige Grundperiode des Bauwerkes T_1 und des Fassadenelementes T_a in der Bemessung Eingang finden.

Für die Höhenlage z des nichttragenden Bauteils und die Bauwerkshöhe H gilt jeweils die Höhe über der Angriffsebene der Erdbebeneinwirkung (Geländeoberkante, Oberkante eines starren Kellergeschoßes oder Fundamentoberkante).

Tabelle 130.1-14: Baugrundklassen und Bodenparameter – EN 1998-1 [93]

Baugrund-klasse	Beschreibung	S
A	Fels oder Ähnliches mit höchstens 5 m weicherem Material an der Oberfläche	1,00
B	Ablagerungen aus sehr dichtem Sand, Kies oder sehr steifem Ton mit einer Dicke von mindestens mehreren 10 m	1,20
C	Tiefe Ablagerungen von dichtem oder mitteldichtem Sand, Kies oder steifem Ton mit einer Dicke von einigen 10 bis 100 m	1,15
D	Ablagerungen von lockerem bis mitteldichtem kohäsionslosem Boden oder vorwiegend weicher kohäsiver Boden	1,35
E	Ein Bodenprofil bestehend aus einer Oberflächen-Alluvialschicht mit v_s-Werten nach C oder D und veränderlicher Dicke zwischen 5 und 20 m über steiferem Bodenmaterial mit $v_s < 800$ m/s	1,40

Außergewöhnliche Einwirkungen:

In Sonderfällen kann es erforderlich werden, auch außergewöhnliche Einwirkungen entsprechend der EN 1991-1-7 [91] sowie ÖNORM B 1991-1-7 [47] auf Fassadenteile zu berücksichtigen. Diese werden dann meist als statische Ersatzkraft in entsprechender Höhe angesetzt und können nutzungsbedingt aus dem Anprall von Straßenfahrzeugen bzw. Gabelstaplern oder aus Innenraumexplosionen hervorgerufen werden.

130.1.6 GESETZLICHE BESTIMMUNGEN

Die Umsetzung der OIB-Richtlinien in die Baugesetzgebung erfolgt länderspezifisch. Die aktuelle Entwicklung und die aktuellen Überarbeitungen dieser OIB-Richtlinien sind zu beachten. Darüber hinaus sind von der Homepage des Österreichischen Instituts für Bautechnik (www.oib.or.at) ergänzende Bestimmungen sowie FAQs zu beziehen. Diese ergänzenden Bestimmungen bzw. auch diese FAQs sind für das Verständnis der textlichen Formulierungen der Richtlinien heranzuziehen. Ein wesentlicher Punkt für die Betrachtung der Fassade an sich ist der Übergang zur Dachfläche. Aufgrund der derzeitigen Bestimmungen in den unterschiedlichen Regelwerken wird üblicherweise ein Winkel von 15° von der Vertikalen als maximale Neigung einer Fassade angenommen. Ist die Neigung größer (Neigungswinkel des Daches weniger als 75°) wird bereits von einer Dachfläche gesprochen. Die wesentlichen Unterschiede sind dann in den gesetzlichen Bestimmungen für den Brandschutz wie auch den Witterungsschutz zu suchen.

Die Bauvorschriften bezüglich Fassaden enthalten neben den Bestimmungen über den Wärmeschutz und Schallschutz auch Anforderungen an den Brandschutz sowie den Schutz vor Niederschlagswässern und Wasserdampfkondensation.

Beispiel 130.1-20: Bauvorschriften Fassaden hinsichtlich Brandschutz – Auszüge Bauordnung für Wien [25] und OIB-Richtlinie 2 [28]

Bauordnung Wien:

§ 91. Bauwerke müssen so geplant und ausgeführt sein, dass der Gefährdung von Leben und Gesundheit von Personen durch Brand vorgebeugt sowie die Brandausbreitung wirksam eingeschränkt wird.

§ 93. (5) Fassaden, einschließlich der Dämmstoffe, Unterkonstruktion und Verankerungen, müssen so ausgeführt sein, dass bei einem Brand ein Übergreifen auf andere Nutzungseinheiten und eine Gefährdung von Rettungsmannschaften weitestgehend verhindert werden. Dabei ist die Bauwerkshöhe zu berücksichtigen.

(6) Hohlräume in Bauteilen, z. B. in Wänden, Decken, Böden oder Fassaden, dürfen nicht zur Ausbreitung von Feuer und Rauch beitragen. Haustechnische Anlagen, z. B. Lüftungsanlagen, dürfen nicht zur Entstehung und Ausbreitung von Feuer und Rauch beitragen.

§ 94. (2) Die Außenwände von Bauwerken müssen so ausgeführt werden, dass das Übergreifen eines Brandes auf andere Bauwerke verhindert wird oder, sofern dies auf Grund der Größe und des Verwendungszweckes der Bauwerke genügt, ausreichend verzögert wird. Eine solche Ausführung der Außenwände ist nicht erforderlich, wenn die Bauwerke in einem entsprechenden Abstand voneinander errichtet werden. Dabei ist auch die zulässige Bebauung auf Nachbargrundstücken zu berücksichtigen.

OIB-Richtlinie 2: Brandschutz
Pkt. 3.5 Fassaden

3.5.1 Bei Gebäuden der Gebäudeklassen 4 und 5 sind Fassaden (z. B. Außenwand-Wärmedämmverbundsysteme, vorgehängte hinterlüftete, belüftete oder nicht hinterlüftete Fassaden) so auszuführen, dass eine Brandweiterleitung über die Fassadenoberfläche auf das zweite über dem Brandherd liegende Geschoß, das Herabfallen großer Fassadenteile sowie eine Gefährdung von Personen wirksam eingeschränkt wird.

3.5.2 Für Außenwand-Wärmedämmverbundsysteme mit einer Wärmedämmung von nicht mehr als 10 cm aus expandiertem Polystyrol (EPS) oder aus Baustoffen der Klasse A2 gelten die Anforderungen gemäß Punkt 3.5.1 als erfüllt.

3.5.3 Für Außenwand-Wärmedämmverbundsysteme mit einer Wärmedämmung in der Klasse E von mehr als 10 cm gelten die Anforderungen gemäß Punkt 3.5.1 als erfüllt, wenn in jedem Geschoß im Bereich der Decke ein umlaufendes Brandschutzschott aus Mineralwolle mit einer Höhe von 20 cm oder im Sturzbereich von Fenstern und Fenstertüren ein Brandschutzschott aus Mineralwolle mit einem seitlichen Übergriff von 30 cm und einer Höhe von 20 cm verklebt und verdübelt ausgeführt wird.

3.5.4 Für Außenwand-Wärmedämmverbundsystemen bei Gebäuden der Gebäudeklasse 5 sind bei Deckenuntersichten von vor- oder einspringenden Gebäudeteilen (z. B. Erker, Balkone oder Loggien im Freien) nur Dämmschichten bzw. Wärmedämmungen der Klasse A2 zulässig; ausgenommen davon sind vor- oder einspringende Gebäudeteile mit einer Tiefe von nicht mehr als 2,0 m.

3.5.5 Für Außenwand-Wärmedämmverbundsysteme bei Gebäuden der Gebäudeklassen 4 und 5 gelten folgende Anforderungen:

(a) In offenen Durchfahrten bzw. Durchgängen, durch die der einzige Fluchtweg oder der einzige Angriffsweg der Feuerwehr führt, sind an Wänden und Decken nur Dämmschichten bzw. Wärmedämmungen der Klasse A2 zulässig. Für den Sockelbereich ist die Verwendung von anderen Dämmstoffen möglich.

(b) Bei Wänden zu offenen Laubengängen sind - sofern die Fluchtmöglichkeit nur in eine Richtung gegeben ist - Dämmschichten bzw. Wärmedämmungen von mehr als 10 cm Dicke nur in der Klasse A2 zulässig. Für den Sockelbereich ist die Verwendung von anderen Dämmstoffen möglich.

3.5.6 Bei Gebäuden der Gebäudeklasse 4 und 5 sind Doppelfassaden so auszuführen, dass

(a) eine Brandweiterleitung über die Fassadenoberfläche auf das zweite über dem Brandherd liegende Geschoß, das Herabfallen großer Fassadenteile sowie eine Gefährdung von Personen und

(b) eine Brandausbreitung über die Zwischenräume im Bereich von Trenndecken bzw. brandabschnittsbildenden Decken wirksam eingeschränkt werden.

3.5.7 Bei Gebäuden der Gebäudeklasse 4 und 5 sind Vorhangfassaden so auszuführen, dass

(a) eine Brandweiterleitung über die Fassadenoberfläche auf das zweite über dem Brandherd liegende Geschoß, das Herabfallen großer Fassadenteile sowie eine Gefährdung von Personen und

(b) eine Brandausbreitung über Anschlussfugen und Hohlräume innerhalb der Vorhangfassade im Bereich von Trenndecken bzw. brandabschnittsbildenden Decken wirksam eingeschränkt werden.

Tabelle 1a: Allgemeine Anforderungen an das Brandverhalten (siehe 130.1.5.3)

Beispiel 130.1-21: Bauvorschriften Fassaden hinsichtlich Schallschutz – Auszüge Bauordnung für Wien [25] und OIB-Richtlinie 5 [35]

Bauordnung Wien:

§ 116.

(1) Bauwerke müssen so geplant und ausgeführt sein, dass gesunde, normal empfindende Benutzer dieses oder eines unmittelbar anschließenden Bauwerkes nicht durch bei bestimmungsgemäßer Verwendung auftretenden Schall und Erschütterungen in ihrer Gesundheit gefährdet oder belästigt werden. Dabei sind der Verwendungszweck sowie die Lage des Bauwerkes und seiner Räume zu berücksichtigen.

(3) Alle Bauteile, insbesondere Außen- und Trennbauteile sowie begehbare Flächen in Bauwerken, müssen so geplant und ausgeführt sein, dass die Weiterleitung von Luft-, Tritt- und Körperschall soweit gedämmt wird, wie dies zur Erfüllung der Anforderungen des Abs. 1 erforderlich ist.

OIB-Richtlinie 5: Schallschutz

Pkt. 2.2 Anforderungen an den Schallschutz von Außenbauteilen

2.2.1 Der maßgebliche standortbezogene und gegebenenfalls bauteillagebezogene Außenlärmpegel ist nach dem Stand der Technik unter Anwendung von Anpassungswerten (Beurteilungspegel) zu ermitteln. Es hat dies getrennt für Tag (06:00 bis 22:00 Uhr) und Nacht zu erfolgen, wobei der jeweils ungünstigere Wert für die Ermittlung der Anforderungen heranzuziehen ist.

2.2.2 Sofern sich aus den Punkten 2.2.3 und 2.2.4 keine höheren Anforderungen ergeben, dürfen unabhängig vom maßgeblichen Außenlärmpegel und der Gebäudenutzung die Werte für das bewertete resultierende Bauschalldämm-Maß $R'_{res,w}$ der Außenbauteile gesamt von 33 dB und das bewertete Schalldämm-Maß R_w der opaken Außenbauteile von 43 dB nicht unterschritten werden.

2.2.3 Für Wohngebäude, -heime, Hotels, Schulen, Kindergärten, Krankenhäuser, Kurgebäude u. dgl. dürfen folgende Werte für das bewertete resultierende Bauschalldämm-Maß $R'_{res,w}$ der Außenbauteile gesamt nicht unterschritten werden:
a) Bei einem maßgeblichen Außenlärmpegel von 51 dB bis 60 dB tags oder 41 dB bis 50 dB nachts 38 dB,
b) bei einem maßgeblichen Außenlärmpegel über 60 dB bis 70 dB tags oder über 50 dB bis 60 dB nachts 38 dB, erhöht um die Hälfte jenes Betrags, um den der maßgebliche Außenlärmpegel
den Wert von 60 dB tags bzw. 50 dB nachts überschreitet, oder
c) bei einem maßgeblichen Außenlärmpegel über 70 dB tags oder über 60 dB nachts) 43 dB, erhöht um jenen Betrag des maßgeblichen Außenlärmpegels, welcher 70 dB tags bzw. 60 dB
nachts überschreitet.

2.2.4 Das bewertete Schalldämm-Maß R_w der opaken Außenbauteile muss jeweils um mindestens 5 dB höher sein als das jeweils erforderliche bewertete resultierende Bauschalldämm-Maß $R'_{res,w}$ der Außenbauteile gesamt.

2.2.5 Das bewertete Schalldämm-Maß R_w von Fenstern und Außentüren darf das jeweils erforderliche bewertete resultierende Bauschalldämm-Maß $R'_{res,w}$ der Außenbauteile gesamt um nicht mehr als 5 dB unterschreiten. Die Summe aus dem bewerteten Schalldämm-Maß R_w und dem Spektrum-Anpassungswert C_{tr} von Fenstern und Außentüren darf das jeweils erforderliche bewertete Schalldämm-Maß R_w von Fenstern und Außentüren um nicht mehr als 5 dB unterschreiten.

2.2.6 Die Schalldämmung von Lüftungsdurchführungen wie z.B. Fensterlüfter, Einzelraumlüftungsgeräte, Zu- und Abluftöffnungen muss so groß sein, dass im geschlossenen Zustand das jeweils erforderliche bewertete resultierende Schalldämm-Maß $R'_{res,w}$ der Außenbauteile gesamt erfüllt bleibt und im geöffneten Zustand um nicht mehr als 5 dB unterschritten wird.

2.2.7 Für Verwaltungs- und Bürogebäude u. dgl. gelten für das jeweils erforderliche bewertete resultierende Bauschalldämm-Maß $R'_{res,w}$ der Außenbauteile gesamt und das jeweils erforderliche bewertete Schalldämm-Maß R_w der opaken Außenbauteile um 5 dB niedrigere Anforderungen als in den Punkten 2.2.3 und 2.2.4 festgelegt.

2.2.8 Für Decken und Wände gegen Durchfahrten und Garagen darf das bewertete Bauschalldämm-Maß R'_w von 60 dB nicht unterschritten werden.

2.2.9 Für Gebäudetrennwände, die an vorhandene Gebäude angebaut werden oder an welche andere Gebäude angebaut werden können, darf das bewertete Schalldämm-Maß R_w je Wand von 52 dB nicht unterschritten werden.

Beispiel 130.1-22: Bauvorschriften Flachdächer hinsichtlich Wärmeschutz – Auszüge Bauordnung für Wien [25] und OIB-Richtlinie 6 [32]

Bauordnung Wien:

§ 118.

(1) Bauwerke und all ihre Teile müssen so geplant und ausgeführt sein, dass die bei der Verwendung benötigte Energiemenge nach dem Stand der Technik begrenzt wird. Auszugehen ist von der bestimmungsgemäßen Verwendung des Bauwerks; die damit verbundenen Bedürfnisse (insbesondere Heizung, Warmwasserbereitung, Kühlung, Lüftung, Beleuchtung) sind zu berücksichtigen.

(4) Bei folgenden Gebäuden genügt die Einhaltung bestimmter Wärmedurchgangskoeffizienten

(U-Werte):

1. *Gebäude, die unter Denkmalschutz stehen, bestehende Gebäude in Schutzzonen sowie erhaltungswürdige gegliederte Fassaden an bestehenden Gebäuden;*
2. *Gebäude mit religiösen Zwecken;*
3. *Gebäude, die gemäß § 71 auf längstens 2 Jahre bewilligt werden;*
4. *Gebäude in landwirtschaftlich genutzten Gebieten, mit Ausnahme von Wohngebäuden;*
5. *Industriebauwerke;*
6. *Gebäude, die Wohnungen enthalten, die nicht allen Erfordernissen des § 119 entsprechen oder nicht den vollen Schallschutz oder Wärmeschutz für Aufenthaltsräume aufweisen;*
7. *Kleingartenhäuser;*
8. *freistehende Gebäude und Zubauten mit einer Gesamtnutzfläche von jeweils weniger als 50 m²;*
9. *Gebäude, die nicht unter § 63 Abs. 1 lit. e fallen.*

OIB-Richtlinie 6: Energieeinsparung und Wärmeschutz

siehe Kapitel Wärmeschutz

Beispiel 130.1-23: Bauvorschriften Flachdächer hinsichtlich Schutz vor Feuchtigkeit – Auszüge Bauordnung für Wien [25] und OIB-Richtlinie 3 [33]

Bauordnung Wien:

§ 102.

(2) Dacheindeckungen, Außenwände, Außenfenster und -türen sowie sonstige Außenbauteile müssen Schutz gegen Niederschlagswässer bieten.

(3) Bauwerke müssen in allen ihren Teilen entsprechend ihrem Verwendungszweck so ausgeführt sein, dass eine schädigende Feuchtigkeitsansammlung durch Wasserdampfkondensation in Bauteilen und auf Oberflächen von Bauteilen vermieden wird.

OIB-Richtlinie 3: Hygiene, Gesundheit und Umweltschutz

Pkt. 6 Schutz vor Feuchtigkeit

6.2 Schutz gegen Niederschlagswässer

Die Hülle von Bauwerken mit Aufenthaltsräumen sowie von sonstigen Bauwerken, deren Verwendungszweck dies erfordert, muss so ausgeführt sein, dass das Eindringen von Niederschlagswässern in die Konstruktion der Außenbauteile und ins Innere des Bauwerks wirksam und dauerhaft verhindert wird.

6.4 Vermeidung von Schäden durch Wasserdampfkondensation

Raumbegrenzende Bauteile von Bauwerken mit Aufenthaltsräumen sowie von sonstigen Bauwerken, deren Verwendungszweck dies erfordert, müssen so aufgebaut sein, dass weder in den Bauteilen noch an deren Oberflächen bei üblicher Nutzung Schäden durch Wasserdampfkondensation entstehen. Bei Außenbauteilen mit geringer Speicherfähigkeit (wie Fenster- und Türelemente) ist durch geeignete Maßnahmen sicherzustellen, dass angrenzende Bauteile nicht durchfeuchtet werden.

130.1.7 FASSADENWARTUNG

Betrachtet man alte Putzfassaden oder Holzschindelfassaden, so war es klar, dass eine dauerhafte Fassade von Wartungsmaßnahmen abhängig ist. Besonders bei neuen Fassadenkonstruktionen (hinterlüftete Fassaden, Wärmedämmverbundfassaden etc.) ist es aber nicht mehr im Bewusstsein der Bauherren, dass eine laufende Fassadenwartung notwendig ist.

Die Fassadenwartung wird allerdings bereits in einer Vielzahl von europäischen Produktnormen beschrieben bzw. werden bereits auch Wartungsanleitungen im Zuge der Herstellung vom Systemhalter eingefordert.

Am Beispiel der Wärmedämmverbundsysteme und der vorgehängten Fassaden soll kurz auf den derzeitigen Stand der Vorschriften für die Wartung eingegangen werden. Ziel dieser Angaben ist es, den Bauteil mithilfe von einfachen Maßnahmen über einen möglichst weiten Bereich funktionstauglich zu erhalten. Unter funktionstauglich ist im Sinne der Regelwerke zu verstehen, dass die wesentlichen Anforderungen der Bauprodukten-Richtlinie sichergestellt werden. In der ÖNORM EN 13830, Anhang B [116] wird angeführt, dass die Fassaden zur Sicherstellung regelmäßig gereinigt und gewartet werden sollen und dass diese Zyklen in einem hohen Maße vom Standort und den atmosphärischen Bedingungen abhängen. Damit ist gemeint, dass Fassaden an stark befahrenen Straßen, in der Nähe von Industrieanlagen oder witterungsexponierten Lagen häufiger zu kontrollieren und zu warten sind als konventionelle Bauteile. Im Rahmen der Deklaration des Herstellers sind spezielle Angaben dazu zu machen. Insbesondere die Materialverträglichkeit von Reinigungsmitteln oder zusätzlichen Dichtstoffen ist sicherzustellen.

130.2 PUTZFASSADEN

Das Verputzen von Fassaden geht auf die Einführung der Lehmbauweise zurück. Der Außenputz stellte und stellt auch noch heute den wichtigsten Schutz des Rohbaus gegen Witterungseinflüsse dar und wurde in weiterer Folge auch als Zier- und Gestaltungselement genutzt. Er gibt dem Bauwerk bis auf einen allfälligen Farbanstrich seine letzte Form und übernimmt eine Reihe von Aufgaben.

- Witterungsschutz des Mauerwerks
- optisches Erscheinungsbild
- Ausgleich kleiner Unebenheiten
- Wärmedämmung (außen)
- Feuchtigkeitsspeicherung und Klimaregulierung (innen)
- Untergrund für Anstriche
- Verbesserung des Brandschutzes
- Verbesserung des Schallschutzes

Putz besteht in der Regel aus einem mehrschichtigen Aufbau, der mit dem Putzgrund oder einem Putzträger in Verbindung steht. Je nach Bauteilfunktion und Bauteillage ergeben sich unterschiedliche Anforderungen an den Putz:

- Ebenflächigkeit
- gleichmäßiges Aussehen
- gute Haftung auf dem Putzgrund
- geringe Wasseraufnahme
- rasche Wasserabgabe
- Frostbeständigkeit
- ausreichende Festigkeit
- geringe Rissanfälligkeit

Als Wunschvorstellung für dauerhaften Putz ist ein stabiler Putzgrund mit entsprechenden Eigenschaften erforderlich.

- Formbeständigkeit
- Festigkeit
- Ebenflächigkeit
- keine breiten und offenen Fugen
- saubere, nicht sandende und nicht glatte Oberfläche
- ausreichende, nicht zu große und gleichmäßige Saugfähigkeit
- Trockenheit
- keine treibenden oder ausblühungsfähigen Stoffe (Salze)

130.2.1 EIN GESCHICHTLICHER UND ARCHITEKTONISCHER ÜBERBLICK

Putzfassaden sind ein wesentliches Element der architektonischen Gestaltung. Funktionell übernimmt der Putzbelag eine Schutzfunktion der Fassade, gestalterisch ermöglicht die Verwendung von Putzoberflächen durch deren plastische Formbarkeit ein ausdrucksstarkes Erscheinungsbild von Gebäuden über alle Stilepochen hinweg. Neben der stilistischen Typologie von Repräsentationsbauten spielt der verputzte Bau vor allem in der anonymen Architektur eine wesentliche Rolle. Dabei ist an der evolutionären und kontinuierlichen Entwicklung der Nutzbauten eine ausdifferenzierte Fülle an unterschiedlichen Verputztechniken und deren gestalterischer Kodierung festzustellen. Die handwerkliche Anwendung von Ausführungstechnik und Material war der Motor für vielfältige regionale Ausprägungen von Putzfassaden. Diese geben ganzen Ortschaften und Landstrichen ein einheitlich wahrnehmbares und typologisch differenzierbares Erscheinungsbild. Im Vergleich zu modernen, industriell vorgefertigten und zumeist maschinell unterstützt hergestellten Putzfassaden sind historische Putzfassaden von der lebendigen Wirkung der manuell hergestellten Putzflächen geprägt. Der mit einer Kelle „angeworfene" Putzmörtel, der auf die unterschiedlichsten Weisen freihändig in die Fläche gebracht wurde, ist von enormer suggestiver und emotionaler Ausdruckskraft.

Beispiel 130.2-01: Anonyme Architektur

(1) Hallenmoschee in Ibri, 18. Jhd. Oman
(2) Bauernhaus in Geralmoos, 19. Jhd. Österreich
(3) Stadtbebauung Santorin, Griechenland
(4) moderner Pueblobau in Tucson, USA

Beispiel 130.2-02: Gründerzeitfassaden

(1) Palais Sturany 1878–1880 Wien, Fellner & Helmer
(2) Ringstraßenpalais am Stubenring, Wien

Das Industriezeitalter, im wissenschaftlichen und ästhetischen Streben geprägt durch rationales Klassifizieren und Typisieren, bringt in den Bauprozess die industriell gefertigte Schablonenarchitektur auf der Grundlage von Putzfassaden ein. Die stilistische Epoche des Historismus hielt für die Fassadenausbildung im großen Maßstab Musterkataloge bereit, aus denen industriell gefertigte Halbzeuge aus Gussmörtel, Keramik oder Blech mit den Verputzarbeiten kombiniert werden konnten. Für die Herstellung von hochplastischen Effekten an Fassaden der Neugotik, der Neurenaissance, des Neubarock und aller abgeleiteten Mischstile eignete sich diese Klitterung aus Stilversatzstücken und dem verbindenden, plastisch gefügigen Verputz ausgezeichnet. Im Vordergrund stand die stilistische Wirkung, die materialbezogene Logik der Herstellung war zweitrangig.

Mit der Erneuerungsbewegung des Jugendstils, dem im anglikanischen Raum die Arts-and-Crafts-Bewegung vorausging, kommt es auch bei der Konzeption von Putzfassaden zu einer geänderten ästhetischen und bautechnischen Herangehensweise. Ästhetisch vom Ringen nach neuen Ausdrucksformen geprägt, wird die plastisch frei formbare Putzfassade unter Anknüpfung an alte Handwerkstraditionen bis zu kunsthandwerklichen Qualitätsmaßstäben an die Ausführungsqualität vorangetrieben. Originelle Putzstrukturen und Versuche mit Materialkombinationen und Arrangements sind das Ergebnis. Die Wiener Schule mit Otto Wagner, Josef Hoffmann und Josef Maria Olbrich hat auch bei Putzfassaden in der Sezessionszeit bedeutende innovative Leistungen erbracht.

Beispiel 130.2-03: Wiener Schule

(1) Haus der Secession, 1898, Wien
(2) Villa Stoclet, 1905, Brüssel
(3) Villa II Otto Wagner, 1912/13, Wien
(4) Wohnhaus Neustiftgasse40, 1909–1925, Wien

In der Stilepoche der Moderne und des Neuen Bauens sind neue Ansätze bei der Gestaltung von Putzfassaden auszumachen. Zum einen werden in Affinität zum neuen Material des Betons, der als künstliches Gussgestein aufgefasst werden kann, Putzfassaden entwickelt, die den Baukörper als monolithische, plastische Form interpretieren. Ein vielzitiertes Beispiel ist der Einsteinturm in Potsdam von Erich Mendelsohn, der ursprünglich als Betongussform konzipiert, aus wirtschaftlichen und technischen Gründen in einer Mischtechnik ausgeführt wurde. Die dabei eingesetzt Putzgestaltung transponiert den ästhetischen Impetus der Gussform.

Beispiel 130.2-04: Einsteinturm 1918–22

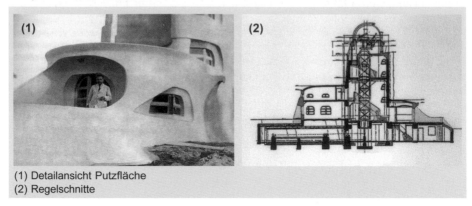

(1) Detailansicht Putzfläche
(2) Regelschnitte

Dem gegenüber stehen die ästhetischen Bestrebungen einer „White Architecture", die das Gebäude als ein Raumkontinuum interpretiert, das Innen- und Außenräume als fließend interpretiert. Raumzellen werden dabei in kartonartig wirkende Scheiben aufgelöst und die Tektonik der Gebäude oft nur mehr auf eine minimale Raum- und Tragstruktur reduziert. Das Flächige von Wandelementen wird durch ein möglichst unkörperliches, abstraktes Erscheinungsbild der Putzflächen angestrebt.

Beispiel 130.2-05: Klassische Moderne der Zwischenkriegszeit

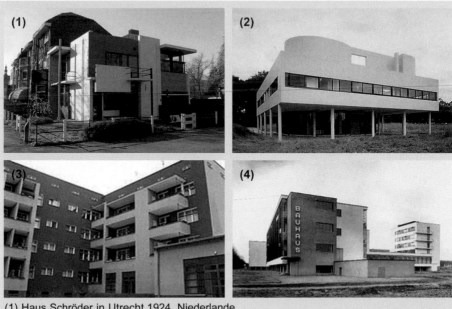

(1) Haus Schröder in Utrecht,1924, Niederlande
(2) Villa Savoye in Poissy, 1928–30, Frankreich
(3) Wohnanlage Berlin, 1929, Bruno Taut
(4) Bauhaus Dessau, 1925–26, Walter Gropius

Profilierungen, haptische Attribute der verputzten Flächen werden vermieden. Der Ausdruck der Färbelungen hat sich dieser Flächigkeit unterzuordnen und Farbflächen werden ergänzend zu den Wandscheiben als 3-dimensionale Strukturelemente eingesetzt.

Diese Haltung wurde führend in Frankreich von Le Corbusier entwickelt, der mit der bei Paris realisierten Villa Savoye eine neue Epoche der Baugestaltung einläutete. Präzise aufgeständerte Putzflächen des schachtelartigen Hauptgeschoßes eines komplexen Raumkontinuums aus Innen- und Außenraum mit ergänzenden, akzentuierten Farbflächen manifestieren diese baukünstlerische Architekturauffassung und stellen ein Schlüsselbauwerk der Moderne dar. Das Haus Schröder von Gerrit Rietveld ist ebenfalls ein Meilenstein dieser bauplastischen Entwicklung und führt die Gebäudestruktur durch die radikale Auflösung der Raumzelle hin zu einer „Raummaschine". Scheinbar schwebende, glatt geputzte Scheiben, von einem elementorientierten Farbcode zusätzlich fragmentiert, weisen den Weg der Moderne hin zu einer Entmaterialisierung und Abstraktheit.

In Deutschland wird die Architekturhaltung vom „Neuen Bauen" und der tonangebenden Kunst- und Architekturschule „Das Bauhaus" geprägt. Die Bestrebungen haben das Ziel, dem Prozess der Gebäudeproduktion und Produktgestaltung gesamtheitlich auf der Grundlage rationaler Überlegungen und neuer Bautechniken einen adäquaten Formausdruck zu verleihen. Glatte Putzflächen und akzentuierende Farbflächen unterstreichen gestalterisch den Schwerpunkt der strukturbasierten Raumkonzepte. Diese Bemühungen strahlten auf ganz Europa aus und finden in der architektonischen Avantgarde der Zwischenkriegszeit im Einklang mit Entwicklungen in der Malerei ihren Mentor.

Beispiel 130.2-06: Industrielle Fertigteilproduktion unverputzt

(1) Plattenbausiedlung in Halle (ehemalige DDR), D
(2) Plattenbausiedlung in Großlohe-Hamburg, D

In der Nachkriegszeit des ersten Wiederaufbaus wurde aus Ressourcenknappheit auf einfache Baukonzepte und Methoden zurückgegriffen. Putzbauten bestimmt durch einen hohen Anteil an manueller Produktion kennzeichnen vor allem den Wohnbau. Mit Erstarken der Wirtschaft und der Anknüpfung an die Innovationskraft im Bauwesen der Zwischenkriegszeit werden die industriellen Produktionsweisen und insbesondere die der Vorfertigung stetig ausgebaut. Bis in die 80er Jahre boomt die Fertigteilindustrie Eine Reihe von Bausystemen wird ab den 60er Jahren entwickelt und in großen Stückzahlen großindustriell realisiert. Verputzte Wandflächen werden von mehrschichtigen Fertigelementen abgelöst, die eine größere Haltbarkeit der Oberflächen und geringere Instandhaltungskosten erwarten ließen. Putzfassaden wurden in den Bereich der „Häuselbauer" abgedrängt, wo einfache technische Herstellung weiterhin gefragt war und ist.

Beispiel 130.2-07: Konventionelle Einfamilienhäuser verputzt

In der Stilepoche der Postmoderne, ab den 1980er Jahren erlebten Putzflächen durch die architekturideologische Rückbesinnung auf tradierte Werte, einhergehend mit einer Stärkung des Interesses an regionalistischen Tendenzen, eine architektonische Renaissance. Im Gegensatz zur klassischen Moderne wurden nun wieder Experimente mit Putzstrukturen, Gliederungselementen und Gesimsen angestellt. Die Putzindustrie formierte sich neu. Die durch die steigenden Energiekosten verbesserte Gebäudehülle wurde durch Neuentwicklung von Dämmputzen in Verbindung mit porosierten Dämmziegeln erreicht. Im Betonbau kommen erste WDVS zum Einsatz.

Beispiel 130.2-08: Postmoderne Fassadengestaltung

(1) Stadtvilla Berlin, Aratalsozaki
(2) Musikhochschule Stuttgart, James Sterling

Mit dem ersten Ölschock 1973 wurde die Fragilität der Energieversorgung weltweit sichtbar und im Bauwesen setzte die schrittweise Verbesserung der Einsparungsmaßnahmen der verbrauchten Energiemengen ein. Vorrangiges Ziel wurde die thermische Verbesserung der Gebäudehülle, die in der Folge das System Mauerwerk – Verputz zugunsten von mehrschichtigen Wandaufbauten aushebelte. Mit zunehmender Wärmedämmleistung der Fassade ist dabei die Aufsplittung der Funktionen Tragen – Dämmen – Schützen festzustellen. Im optischen Bereich wurde die Putzfassade von der Wärmedämmverbundsystem-Fassade (WDVS) abgelöst (siehe Kapitel 130.3).

Die Putzflächen der WDVS-Fassaden bilden auf der elastischen Dämmebene eine eigene bewehrte Schale aus, die in sich bautechnisch auftretende Spannungen durch Temperaturschwankungen oder mechanische Beanspruchungen aufnehmen müssen. Der hohl klingende Fassadenputz verweist auf sein Konstruktionsprinzip.

Neueste Forschungen und Entwicklungen zeigen eine weitere bautechnische Möglichkeit der verputzten und hochgedämmten Wand auf, die wieder an den Ursprung des Verputzes anknüpft. Ziel ist die Herstellung von monolithischen Wandaufbauten, die durch entsprechende technologische Aufbereitung der Werkstoffe bauphysikalisch das günstige Verhalten einer 1-Schicht-Wand sicherstellen. Angeregt durch ressourcen-schonende Konzepte gibt es erste gelungene Versuche, den Aushub durch Zugabe von Bindemitteln und Porenbildnern soweit auf die Anforderungen einzustellen, dass außen wieder nur mehr die Schutzschichte eines Verputzes benötigt wird. Ähnliche Tendenzen sind auch im Holzbau festzustellen, wo ebenfalls quasi monolithische Dämmstoffwände mit begrenzenden Schalenkonstruktionen dem Verhalten einer 1-Schicht-Wand nahekommen.

Beispiel 130.2-09: Fassade mit Wärmedämmverbundsystem (WDVS)

(1) Schaulager Basel, Schweiz Herzog & de Meuron
(2) Detail Fensterschlitz in monolithischer Wand

130.2.2 ENTWICKLUNG DER PUTZE

Der Begriff Putz geht nach seiner Wortherkunft auf den Begriff des „Putzens" (15. Jhd.) zurück, der neben der Bedeutung des Säuberns und Reinigen auch den Aspekt das Schmückens und Verschönerns einschließt. „Verputz" aus gestalterischer und architektonischer Sicht, meint den abschließenden und zierenden Deckmantel einer durchgehenden Mörtelschicht, die sich über die Struktur des Gebäudes oder seiner Teile legt und so zu einem hautartigen, zusammenfassenden Erscheinungsbild der Bauform unmittelbar beiträgt. Bezieht man sich hingegen auf das physische Putzmaterial, wird in der Regel von „Putzmörtel" (Mörtel > lateinisch *mortarius* „das im Mörser Feingemahlene") gesprochen.

Die architektonische Verwendung von Verputz geht einher mit dessen Färbelung. Dabei sind die Rauheit des Putzes und die Technik des Farbauftrags ausschlaggebend für die ästhetische Wirkung. Es lassen sich drei Arten des Farbauftrags unterscheiden:

- Die Farbsubstanz wird als ergänzende Schicht auf den fertigen und ausgetrockneten Deckputz aufgetragen. Die Fassadenwirkung wird dabei von der Putzstruktur (Verputztechnik und Rauheit der Oberfläche) und dem Farbfilm (Maltechnik, deckend oder lasierend, vollflächig oder netzend) wesentlich geprägt.
- Die Farbsubstanz wird auf den noch nassen Deckputz aufgetragen und der Farbstoff dringt dadurch in den Putz ein. Das erhöht die Lebensdauer der Färbelung. Die bekannteste Technik ist die Freskomalerei, wo auf den noch frischen Deckputz mit Farbpigment „nass in nass" gearbeitet wird.
- Das Farbpigment wird der Deckputzschichte beigegeben, wodurch eine kontinuierliche Durchfärbung des Putzes erreicht wird. Gestalterisch führt dies in Verbindung mit reflektierenden feinen Zuschlagstoffen bei Besonnung zu einem „Leuchten aus der Tiefe" der Fassade. Putzverletzungen wirken wegen der Durchfärbung farblich weniger störend.

Bei architektonischen Überlegungen um Wirkungen von Fassadenoberflächen ist die Alterung von Putzfassaden in ästhetischer Sicht mit zu überlegen. Die Deckmörtelschichten sind einschließlich der Färbelung im Vergleich zu anderen Deckmaterialien sehr dünn und müssen den vielfältigen Witterungseinflüssen im Sommer und Winter standhalten. Traditionelle Putzsysteme einschließlich der schlemmenartigen Farbbeschichtungen entwickeln dabei ein „abkreidendes" Verhalten. Durch die Bewitterung wird das Materialgefüge von der Oberfläche her kontinuierlich ausgewaschen und abgenutzt, wodurch die Schichtstärken zurückgehen. Die Verbrauchsspuren markieren exponierte Stellen der Fassadenflächen stärker als bei geschützten Stellen und schaffen dadurch eine eigene Konnotation, die auf einer epischen Ebene Zeit und Vergänglichkeit als weitere Ausdrucksmittel in das Erscheinungsbild und die Gestaltqualität des Objekts hereinholt. Fehlt diese Ebene in historischem Umfeld durch unsensible Renovierungsmaßnahmen wird das allgemein als Entwertung der Aussagekraft von Architektur empfunden.

In den vergangenen Jahren ist die Entwicklung verschiedener Arten von Putzen bzw. Putzmörteln mit unterschiedlichen Eigenschaften und Zusammensetzungen, geänderten Produktionsweisen und Verarbeitungsmodalitäten enorm vorangetrieben worden, einerseits aufgrund erhöhter Anforderungen an Außen- und Innenputz, andererseits forciert durch die Idee den Mauer- und Putzmörtel in einem Werk herzustellen und maschinell vor Ort zu verarbeiten. Um den Putzaufbau zu simplifizieren, den naturgegebenen Rhythmus der Abbindephasen nicht einhalten zu müssen und die Putzarbeiten unabhängig von der Witterung auch durchführen zu können, wurden neue Baustoffe konzipiert. Als Innenputze wurden Gips-, Gips-Kalk-, Kalk-, Kalk-Zement- oder Zement-Kalk-Mörtel, als Außenputze die vorab angeführten, ausgenommen Gipsmörtel, verwendet.

Je nach Verfügbarkeit von Rohstoffen wurden ursprünglich Kalkbindemittel oder Puzzolane eingesetzt, um Mörtel mit wasserabweisenden Eigenschaften und guten Festigkeitswerten zu erzielen. Das ursprünglich am häufigsten verwendete Bindemittel für Putzmörtel war Kalk. Kalk als Bindemittel wird in gebrannter und gelöschter Form verwendet. Beim Brennen von Kalk entsteht Kalziumoxyd (CaO), das durch Löschen mit Wasser in CaO_2H_2 übergeführt wird. Diesem Löschvorgang kommt wesentliche Bedeutung zu, da je nach Dauer und Art des Löschvorganges stark variierende Baustoffeigenschaften erzielt werden können (Sumpfkalk). Durch Karbonatisierung des Mörtels mit der Kohlensäure der Luft entsteht wieder das feste Kalziumcarbonat, man spricht von Luftkalk. Für viele Anwendungsfälle war der einfache Kalkmörtel einerseits hinsichtlich der Festigkeit und andererseits auch hinsichtlich der Produkteigenschaften nicht ausreichend. Durch Zugabe von Zement wurde ab 1880 bereits ein teilweise hochfester Putzmörtel mit wasserabweisenden Eigenschaften hergestellt. Weiters wurde und wird auch noch heute Trass als Bindemittel eingesetzt. Trass ist ebenfalls ein hydraulisches Bindemittel, ein natürliches Puzzolan.

Neben dem Luftkalk gibt es aber auch hydraulisch abbindenden Kalk, man spricht von Bindemitteln des Typs NHL (natural hydraulic lime). Diese hydraulischen Kalke weisen ein ähnliches Verhalten hinsichtlich des Abbindens auf wie Zemente.

Mit der Entwicklung von Kunststoffdispersionen – speziell auf Acrylatbasis – wurden kunststoffmodifizierte Putze für die Außenanwendung entwickelt. Die Kunstharzputze wurden durch Einsatz von Silikattechnologie weiter entwickelt, moderne Dünnschichtputze basieren heute auf der Technologie der Silkat- und Silikonharzputze.

Für die Anwendung von Putzmörtel gilt seit jeher eine einfache Regel für den Materialaufbau. In Österreich haben sich mehrlagige Putze aufgrund ihrer leichteren Verarbeitbarkeit und ihrer weitaus höheren Witterungsbeständigkeit durchgesetzt. Als erste Lage wird in der Regel eine mineralische Schicht für die Untergrundvorbereitung

(Vorspritzer, Haftschlämme etc.) aufgebracht, der eigentliche Putzaufbau erfolgt zwei-lagig, wobei eine erste Putzlage, bezeichnet als Unterputz, als eigentlicher Putzkörper dient und eine zweite Lage, bezeichnet als Oberputz, den dekorativen Anspruch und die Witterungsbeständigkeit erfüllen muss.

Putzmörtel sollen vom Untergrund weg nach außen hinsichtlich ihrer Verformungsei-genschaften elastischer und rissüberbrückender werden, sodass Bewegungen aus dem Untergrund und thermische Formänderungen vom Oberputz möglichst rissfrei aufgenommen werden. Risse stellen neben Ablösungen und Hohllagen für Putze das größte Schadenspotential für einen dauerhaften Putz dar. Für Oberputze werden heu-te bei üblicher Witterungsbelastung Rissbreiten von bis zu 0,2 mm (Haarrisse) toleriert.

Die Verwendung von Putzmörtel sowie deren Ausgestaltung ist in Europa jedenfalls regional sehr unterschiedlich. Stellen die Bereiche von Norditalien bis Süddeutsch-land und von Mittelfrankreich bis zum Schwarzen Meer typische Länder für verputzte Fassaden dar, so sind in Norddeutschland wie auch in England und den skandinavi-schen Ländern vielfach Holzfassaden oder Klinkermauerwerk vorherrschend. Dies ist einerseits auf regionale Rohstoffverfügbarkeit, andererseits auch auf Bautradition zurückzuführen. Ziel ist jedenfalls eine dauerhaft witterungsfeste Fassade mit optisch ansprechender Gestaltung zu erzielen.

130.2.3 PUTZUNTERGRÜNDE

Putzuntergründe, die keine ausreichende Tragfähigkeit aufweisen, dürfen keinesfalls ohne entsprechende Vorbehandlung verputzt werden. Bei der Aufbringung von Putz-mörtel entstehen in der Regel während des Abbindens wie auch bei Bewitterung Schwind- und Quellspannungen sowie hygrothermische Bewegungen, die zu einem Ablösen und Absturz des Putzes führen können. Der Putzgrund muss

- trocken
- ebenflächig
- tragfähig und fest
- ausreichend formstabil
- nicht wasserabweisend, gleichmäßig saugend, homogen
- rau, staubfrei, frei von Verunreinigungen
- frei von schädlichen Ausblühungen (Bartbildung)
- frostfrei und über +5°C temperiert

sein. Rissbildungen des Untergrundes sind für die Vorbereitung von Verputzarbeiten besonders zu beachten. Da Risse die Eigenschaften haben, sich bei thermischen Änderungen zu verändern, können die Putzlagen zusätzlich belastet werden und ebenfalls zu Rissen neigen. Die Verwendung von Putzträgern (Rippenstreckmetall, Drahtziegel-Gewebe, Textilglasgitterarmierungen oder Ähnliches) kann erforderlich sein. Statische Risse müssen jedenfalls nicht nur mittels Putzträger, sondern in der Regel durch ein Auskeilen und Verfestigen des Mauerwerkes, instandgesetzt werden.

Die Saugfähigkeit des Untergrundes entscheidet ebenfalls über das Abbindeverhalten und in weiterer Folge über die Haftfestigkeit des Putzes am Untergrund. Schlecht saugende oder zu stark saugende Untergründe müssen mit Egalisierungsschichten wie beispielsweise Aufbrennsperren oder Vorspritzer, behandelt werden. Letztlich ist auch die Feuchtigkeit des Untergrundes bzw. auch der Salzgehalt entscheidend.

Bei feuchtem Mauerwerk bzw. Mauerwerk welches im Zuge von Trockenlegungsmaß-nahmen verputzt werden soll dürfen nur Spezialputze, sogenannte Sanierputze, verwendet werden.

130.2.3.1 MAUERWERK

Der klassische Untergrund für Putzfassaden stellt das Mauerwerk in vielfältigster Art dar. Ursprünglich wurden Lehmziegel mit Lehmputz, der durch Zugabe von Kalk auch *„veredelt"* wurde, verwendet. Diese Putze dienten sowohl als Innen- als auch Außenputze. Mit der zunehmenden Verwendung von gebranntem Ziegel wurden auch die Anforderungen an die Putzmörtel höher und es wurden je nach Mauerwerk speziell abgestimmte Putze und Putzsysteme entwickelt.

Die Entwicklung von Hochlochziegeln und in der weiteren Folge von hoch wärmedämmenden Hochlochziegeln führte zu zwei unterschiedlichen Phänomenen. Einerseits wurde durch den massiv verbesserten Wärmeschutz der Ziegel ein *„Wärmestau"* an der Putzoberfläche hervorgerufen und andererseits ein wesentlich unelastischeres Mauerwerk hinsichtlich der Oberflächenbewegungen verputzt. Dies ist darauf zurückzuführen, dass gegenüber dem Normalformatmauerwerk eine Reduktion, je nach Ziegelhöhe der Hochlochziegel, des Mauerfugenanteils um bis zu 70 % auftritt. Bewegungen in den Lagerfugen treten daher konzentrierter und örtlich in wesentlich größerem Ausmaß auf. Speziell die Bereiche des Wand-Decken-Knotens sind hervorzuheben.

130.2.3.2 BETON

Mit der Einführung der Betonbauweise wurden die Oberflächen nicht verputzt. Beton wurde ursprünglich als *„Kunststein"* aufgefasst und daher auch von der Oberfläche her mit Methoden des Steinmetz Handwerkes bearbeitet. Erst später wurde Beton als Putzuntergrund angesehen, dieser hat jedoch besondere Eigenschaften, die auf die Herstellung wie auch auf die Oberflächeneigenschaften zurückzuführen sind. Besonders die Oberflächeneigenschaften wie auch die Verschmutzung mit Schalöl kann zu einer Störung des Haftverbundes des Putzes am Beton führen. Betonfertigteile, die beispielsweise mit extrem glatten Stahlblechschalungen hergestellt wurden, sind als Putzgrund ebenfalls nicht oder nur bedingt geeignet.

130.2.3.3 MANTELBETON UND HOLZWOLLE-LEICHTBAUPRODUKTE

Mit der Entwicklung von zementgebundenen Holzwerkstoffen wie Holzwolle, Holzspan und Ähnlichem sowie auch der Verwendung von Magnesit als Bindemittel (*„Heraklithplatten"*) wurden eigene Verputztechniken entwickelt. Holzwolleprodukte eignen sich, bei entsprechenden Vorbereitungsmaßnahmen, hervorragend als Putzuntergrund.

130.2.3.4 HOLZ UND HOLZWERKSTOFFE

Speziell die Entwicklung von Holzweichfaserplatten für Wärmedämmverbundsysteme hat in den letzten Jahren zu einem Innovationsschub geführt. Einige namhafte europäische Hersteller bieten bereits abgestimmte Putzsysteme für das Verputzen von Holzoberflächen an. Diese Putze werden im Kapitel 130.3 Wärmedämmverbundsysteme behandelt.

130.2.3.5 DÄMMSTOFFE

Speziell im Bereich des Deckenwandknotens werden zur Vermeidung von Wärmebrücken Dämmstoffe eingesetzt. Wurden früher Holzwolleprodukte verwendet, werden heute zur Beseitigung dieser Wärmebrücken vornehmlich Dämmstoffe aus extrudiertem Polystyrol (XPS-R) bzw. automatengeschäumten Polystyrolprodukten (EPS-P) eingesetzt. In beiden Fällen sind spezielle Putzausführungen notwendig.

130.2.3.6 PUTZTRÄGER

Kann der Putzgrund die für die Putzaufbringung erforderlichen Eigenschaften nicht erfüllen oder erfordert der Putz eine zusätzliche tragende Konstruktion, wird der Putz auf einem Putzträger aufgebracht. Bezüglich des Haftvermögens des frischen Putzmörtels am Putzgrund treten folgende Phänomene auf:

- Adhäsion des nassen Frischmörtels: Wird eine zu dicke und/oder zu schwere Putzlage auf einen sehr glatten, nicht saugenden Putzgrund aufgebracht, rutscht diese ab.
- Kapillare Saugfähigkeit des Putzgrundes: Ist ein Putzgrund zu stark saugend, entzieht dieser dem Frischmörtel zu schnell das Wasser. Der Putz *„verdurstet"*. Die Bindemittel haben keine Möglichkeit ausreichend zu reagieren. Eine nur schwache *„Verfilzung"* infolge verminderter Kristallisation führt daher zu geringerem Haftvermögen der Mörtellage am Putzgrund.
- Mechanische Anhaftung durch *„Verkrallung"* an der Putzoberfläche: Rauer Putzgrund ist besser geeignet als glatter.

Putzträger sind konstruktive Hilfsmittel, die zur Herstellung einer von der Unterkonstruktion weitgehend unabhängigen Putzlage dienen, sie können keine Putzarmierung ersetzen. Folgende Putzträger werden unterschieden (Beispiel 130.2-10 zeigt die typischen Materialien):

- Schilfmatten, als klassischer Putzträger, einfach oder doppelt verlegt und mit verzinktem Bindedraht mit dem Untergrund verbunden. Speziell für die Verwendung von Lehmputzen werden auch heute wieder verstärkt Schilfmatten eingesetzt die ÖNORM B 3346 [57] regelt dafür die Qualitätsanforderungen.
- Rabitzgewebe, ein verzinktes Drahtgeflecht mit sechskantigen Maschen. Über größere Flächen durch ein tragendes Gerüst versteifen. Grundsätzlich können reine Drahtgitter nicht als Putzträger eingesetzt werden, sie dienen jedoch als Basis für einen armierten Vorspritzer.
- Drahtziegelgewebe (Stauss-Ziegelgewebe) ist der einzige bekannte Putzträger mit Ziegeloberfläche. Haupteinsatzbereich für Materialwechsel bei Ziegelbauten, Ummantelungen von Stahlteilen.
- Streckmetall und Rippenstreckmetall aus kaltgewalztem, rostfreiem Bandstahl in verschiedenen Ausführungsformen.

Beispiel 130.2-10: Putzträger

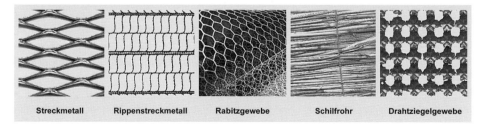

| Streckmetall | Rippenstreckmetall | Rabitzgewebe | Schilfrohr | Drahtziegelgewebe |

Einen Sonderfall stellt eine Abdichtung als Putzgrund dar. Dies kommt im Anschlussbereich beim Verputzen von Sockelmauerwerk sehr häufig vor und die Herstellerempfehlungen für den Putzmörtel sind zu beachten bzw. die Vorgaben der ÖNORM B 3346 [57].

130.2.4 PUTZAUFBAU UND MATERIALIEN

Beim Putzaufbau wird zwischen einlagigem und mehrlagigem Putz unterschieden. Ein einlagiger Putz kann auf extrem glatten und ebenen Untergründen aufgebracht werden und ist in Österreich und Deutschland fast ausschließlich im Innenputzbereich in Verwendung. Mehrlagiger Putz besteht aus einer Untergrundvorbereitung (optional, Bezeichnung Vorspritzer oder Spritzbewurf), einem Unterputz (Grobputz) und einer oder mehrerer Oberputzlagen (Feinputz, Edelputz). Je nach Ausgestaltung kann auch ein Anstrich als oberste Deckschicht aufgebracht werden.

Der Spritzbewurf (Vorspritzer) schafft einen Ausgleich unterschiedlichen Saugverhaltens sowie eine Oberflächenvergrößerung des Putzgrunds. Er besteht meist aus einem Zementmörtel mit einer Einkornstruktur, Größtkorn bis zu 8 mm, wodurch ein Abrutschen der nachfolgenden Putzschichten verhindert wird. Bei sehr glatten Flächen und schwach saugenden Untergründen sind zusätzlich Haftbrücken auf Kunststoffbasis erforderlich.

Tabelle 130.2-01: Verwendungsschema Innen- und Außenputze – ÖNORM B 3346 [57]

Putz	Produktnorm	Klassifikation
Innenputz als Einlagenputz		
Gipsputz (Glättputz)		B1
Gips-Kalk-Putz (Glättputz, Reibputz)		B2
Gips-Zement-Putz (Glättputz, Reibputz)	ÖNORM EN 13279-1 [111]	B2
Kalk-Gips-Putz (Reibputz, Glättputz)		B3
Gips-Leichtputz (Glättputz)		B4
Gips-Wärmedämmputz (Glättputz)		C4
Kalkputz (Reibputz)	ÖNORM EN 998-1 [88]	GP, R
Kalk-Zement-Putz (Reibputz, Kratzputz)		GP
Innenputz (Unterputz) als Mehrlagenputz und **Außenputz** (Unterputz)		
Kalk-Zement-Putz (abgezogen, geschnitten, zugestoßen)		GP, R
Kalk-Zement-Leichtgrundputz (abgezogen, zugestoßen)	ÖNORM EN 998-1 [88]	LW
Kalk-Zement-Wärmedämmputz Perlite (abgezogen, geschnitten)		T
Kalk-Zement-Wärmedämmputz EPS (abgezogen, geschnitten)		T

Der Unterputz (Grobputz) in einer Stärke von ≥ 2 cm gleicht geringere Unebenheiten aus. Er ist weniger fest als der Vorspritzer und fester als der Oberputz. Als Untergrund für den Oberputz bestimmt er wesentlich die Optik und die Gliederung der Fassadenfläche.

Der Oberputz (Feinputz, früher auch als Edelputz bezeichnet) bildet die endgültige Oberfläche des Bauteiles. Er ist rund 3 bis 5 mm dick und kann mit unterschiedlichsten Verarbeitungsmethoden aufgebracht werden.

Aufgrund des hohen Mechanisierungsgrades bei Bauvorhaben und der Verwendung von Maschinenputzen werden handgemischte Putze nur mehr für kleinere Arbeiten oder im denkmalpflegerischen Bereich eingesetzt. Der überwiegende Teil der Putzmörtel wird als Fertigmörtel in Nass- oder Trockenform (Pulverform) geliefert und angewandt. Die europäischen Normen für Trocken- und Nassmörtel sind mit der Einführung der europäischen Klassifikation (CE-Zeichen) nunmehr als verbindlich anzusehen. Die folgenden Verwendungsschemata für Innen- und Außenputze sind in der ÖNORM B 3346 [57] festgelegt (Tabelle 130.2-01).

Für den Sonderfall der Anwendung auf feuchtem oder saniertem Mauerwerk sind ebenfalls Verwendungsschemata in der ÖNORM B 3346 geregelt.

Tabelle 130.2-02: Verwendungsschema für Sanierputze – ÖNORM B 3346 [57]

Sanierputzmörtel	Produktnorm	Klassifikation
Saniervorspritzer		–
Sanierausgleichsmörtel	ÖNORM EN 998-1 [88]	–
Sanierputzmörtel	ÖNORM B 3345 [56]	R, L und N
Sanier-Feinputzmörtel		–

Der Sockelbereich der Außenwand stellt einen besonders kritischen Bauteil dar. Putze, die für diesen Bereich geeignet sind, benötigen besondere Eigenschaften hinsichtlich ihrer Witterungsbeständigkeit. Diesem Umstand Rechnung tragend, sind in der ÖNORM B 3346 [57] eigene Klassifikationen für Sockelputze festgelegt. Sockelputze können als Einlagen-, aber auch als Mehrlagenputze ausgeführt werden.

Tabelle 130.2-03: Verwendungsschema für Sockelputze – ÖNORM B 3346 [57]

Putz	Produktnorm	Klassifikation
Sockelputz als Einlagenputz		
Kalk-Zement-Putz (abgezogen, geschnitten, zugestoßen bzw. gekratzt)	ÖNORM EN 988-1 [88]	OC
Sockelputz (Unterputz) als Mehrlagenputz		
Kalk-Zement-Putz	ÖNORM EN 998-1 [88]	GP CS II [a]
Kalk-Zement-Putz bzw. **Zement-Putz**		GP CS III und CS IV
Sanierputz	ÖNORM EN 998-1 [88] ÖNORM B 3345 [56]	R
Hydraulkalkputze	ÖNORM EN 459-1 [85]	– [b]
Sockelputz (Oberputz) als Mehrlagenputz		
Kalk-Zement-Putz	ÖNORM EN 998-1 [88]	
Hydraulkalkputze	ÖNORM EN 459-1 [85]	– [c]
Sanierputz	ÖNORM EN 998-1 [88] ÖNORM B 3345 [56]	CS II und CS III
organisch gebundene Putze	ÖNORM EN 15824[121]	–

[a]) Druckfestigkeit ≥2,5 N/mm²
[b]) Druckfestigkeit nach 90 Tagen ≥2,5 N/mm²
[c]) Druckfestigkeit nach 90 Tagen ≥2,5 N/mm²

130.2.4.1 BINDEMITTEL

Die wesentlichsten Bindemittel für die Herstellung von Putzmörteln sind Kalke, Zemente, Trass und Gips sowie deren Mischungen, die als Putz- und Mauerbinder bezeichnet werden. Entsprechend Zusammensetzung werden folgende Kombinationen von Bindemitteln für Außenputz verwendet:

- Kalk-Putzmörtel, mit Luftkalk oder hydraulischem Kalk
- Kalk-Zement-Putzmörtel
- Zement-Kalk-Putzmörtel
- Zement-Putzmörtel
- Kalk-Zement-Wärmedämm-Putzmörtel
- Kalk-Zement-Leichtgrund-Putzmörtel („Leichtgrundputz")

Putz- und Mauerbinder

Für Putz- und Mauerarbeiten wurden eigene Bindemittelmischungen entwickelt. Diese Bindemittelmischungen für baustellengemischte Mörtel sind in EN 413-1 [83] geregelt. Putz- und Mauerbinder werden durch das Kennzeichen MC und eine Kurzbezeichnung für die Festigkeitsklasse beschrieben. Es werden drei Festigkeitsklassen mit Druckfestigkeiten von 5,0 sowie 12,5 und 22,5 N/mm² verwendet. Für die Zusammensetzung werden Zemente gemäß EN 197-1 [82], Baukalkhydrate und/oder hydraulische Baukalke nach EN 459-1 [85] verwendet. Außerdem sind noch Pigmente gemäß EN 12878 [101] einsetzbar. Für die Qualität MC 5 müssen mehr als 25 % Klinker, für die Qualitäten MC 12,5 bis MC 22,5 mehr als 40 % eingesetzt werden. Putz- und Mauerbinder sind hinsichtlich ihrer Klassifikation über eine CE-Kennzeichnung geregelt.

Kalk

Für Putzmörtel sind Baukalkhydrate und/oder hydraulische Baukalke nach EN 459-1 [85] zu verwenden. Es werden die folgenden Produktgruppen unterschieden:

- Luftkalke: das sind Kalke, die vorwiegend aus Kalziumoxyd oder Kalziumhydroxyd bestehen und die durch das atmosphärische Kohlendioxyd der Luft langsam erhärten. Diese Kalke sind für den Einsatz unter Wasser nicht geeignet.
    - Ungelöschte Kalke (Q): Ungelöschte Kalke sind Kalke, die vorwiegend aus Kalziumoxyd und Magnesiumoxyd bestehen und in der Regel durch Brennen von dolomitischem Gestein hergestellt werden. Diese ungelöschten Kalke reagieren bei Wasserzugabe unter Wärmeentwicklung.
    - Kalkhydrate (S): Kalkhydrate sind Mischungen aus Luftkalken, Weißkalken oder Dolomitkalken die durch ein kontrolliertes Löschen von gebrannten Kalken hergestellt werden. Sie werden in der Regel in Pulverform oder als Teig bzw. als Suspension (auf Kalkmilch) hergestellt und in den Handel gebracht.
    - Weißkalke (CL): Weißkalke sind Kalke, die vorwiegend aus Kalziumoxyd oder Hydroxyd ohne Zusatz von Puzzolanen oder hydraulischen Stoffen bestehen.
    - Dolomitkalke (DL): Dolomitkalke sind Kalke, die vorwiegend aus Kalziumoxyd und Magnesiumoxyd wie auch Magnesium Hydroxyd, ebenfalls ohne Zugaben von hydraulischen Stoffen hergestellt werden.
- Natürlich Hydraulische Kalke (NHL): Unter Natürlich Hydraulischem Kalk versteht man Kalke die unter Zugabe von Wasser erhärten. Diese Kalke können mit Zusätzen versehen werden (zusätzliche puzzolanische Stoffe, Kennzeichnung Z).

Zement

Für Putze werden Zemente gemäß EN 197-1 [82] in den Qualitäten CEM II A und CEM II B mit unterschiedlichen Zumahlstoffen verwendet. Vornehmlich werden Weißzemente eingesetzt.

Trasszement

Trasszement ist ein Zement, der durch Zuschlag von Trass wasserdicht gemacht wird. Man verwendet ihn zum Beispiel zur Auskleidung von Wasserbecken, beim Verlegen von Natursteinplatten, zum Vermörteln von Natursteinen und für Restaurierungsarbeiten. Bei Verwendung von Trasszement treten wesentlich weniger Ausblühungen an Naturwerksteinen auf als bei (ungeeigneten) reinen Portlandzementen. Trass verbindet sich mit dem bei der Zementsteinbildung abgespaltenem Kalkhydrat. Kommt Kalkhydrat an die Oberfläche, verbindet es sich mit dem CO_2 der Luft zu Kalk.

Gips

Gips für Putzmörtel hat einen weiten Anwendungsbereich für Innenputze erlangt. Dies ist darauf zurückzuführen, dass Gips beim Abbindevorgang praktisch nicht schwindet und sich dadurch rissfreie Oberflächen herstellen lassen. Gips ist wasserlöslich, daher kann eine Anwendung nur im Innenbereich erfolgen. Die Gipse bzw. die Gipsputze sind in der EN 13279-1 [111] geregelt.

130.2.4.2 BAUSTELLENGEMISCHTE PUTZMÖRTEL

Der Baustellenmörtel ist in Österreich als baustellengemischter Mörtel nach ÖNORM B 3344 [55] geregelt. Dies ist insofern notwendig, als nationale Gegebenheiten und Traditionen, speziell abgestimmt auf die mehrlagige Verarbeitung bzw. auch die in Österreich vorkommenden Putzsande berücksichtigt werden müssen.

Tabelle 130.2-04: Typische Mischungsverhältnisse (Raumteile) ÖNORM B 3344 [55]

Lufthärtende Bindemittel			Hydraulisch erhärtende Bindemittel					Zuschlagstoff Sand	Mörtelarten
Kalkteig gemäß ÖNORM EN459-1 (Sumpf-Fettkalk)	Kalkhydrat gemäß ÖNORM EN459-1	Gipsbinder gemäß ÖNORM EN 13279-1	Hydrauli-scher Kalk HL 2 bzw. NHL 2 gemäß ÖNORM EN459-1	Hoch-hydrauli-scher Kalk HL 5 bzw. NHL 5 gemäß ÖNORM EN459-1	Putz- und Mauerbinder gemäß ÖNORM EN 413-1 Normal	Extra	Port-land-zement gemäß ÖNORM EN197-1	gemäß ÖNORM B 3135	
		1						1,0 bis 3,0	Gips-hältige Mörtel
1		0,2 bis 2,0						3,0 bis 4,0	
1								3,0 bis 4,0	
	1							3,0 bis 4,0	Kalk-mörtel
			1					3,0 bis 4,0	
				1				3,0 bis 4,0	
							1	3,0 bis 4,0	
1,5							1	8,0 bis 11,0	
	2						1	6,0 bis 8,0	Kalk-zement-mörtel
			< 0,5				2	3,0 bis 4,0	
					1		1	3,0 bis 4,0	
			1			1		3,0 bis 4,0	
							1	2,5 bis 3,5	Zement-mörtel

Diese ÖNORM gibt typische Rezepturvorgaben (Tabelle 130.2-04) an. Bei Putzmörtel ist das Größtkorn auf die Nennputzdicke abzustimmen. Die Mischvorgänge werden bei händischer Herstellung in der Regel mit Freifallmischer und bei maschineller Aufbringung im Durchlaufmischer vorgenommen.

130.2.4.3 WERKTROCKENMÖRTEL

Die EN 998-1 [88] regelt Anwendungsbereich, Eigenschaften und Anforderungen für Putzmörtel auf Kalk- und Kalkzementbasis. Es wird je nach dem Herstellungskonzept unterschieden zwischen:

- Mörtel nach Eignungsprüfung
- Mörtel nach Rezept

Für Werktrockenmörtel kommen ausschließlich Eignungsprüfungsmörtel zur Anwendung, die überdies eine Klassifikation mit einer CE-Kennzeichnung erfordern. Es wird auch nach dem Herstellungsort oder der Herstellungsart unterschieden zwischen:

- Werkmörtel
- werkmäßig hergestelltem Mörtel und
- Baustellenmörtel.

Die eigentliche Klassifikation der Mörtel gemäß EN 998-1 [88] erfolgt nach den Eigenschaften und/oder dem Verwendungszweck. Die Klassifikation, die auf dem europäi-

schen Produktetikett aufgeführt werden muss unterscheidet, entsprechend den eng-
lischen Abkürzungen, die folgenden Kategorien und verwendet die angeführten
Kurzzeichen:

GP: Normalputzmörtel
LW: Leichtputzmörtel
CR: Edelputzmörtel
OC: Einlagenputzmörtel für außen
R: Sanierputzmörtel
T: Wärmedämmputzmörtel

Die mechanischen und bauphysikalischen Eigenschaften der Putzmörtel werden entsprechend der Druckfestigkeit (nach 28 Tagen) sowie der kapillaren Wasseraufnahme
und der Wärmeleitfähigkeit eingeteilt. beinhaltet zusammenfassend die normativ
festgelegten Werte und die entsprechenden Kurzbezeichnungen. Für die normalen
Anforderungen im Innenbereich werden Putzmörtel der Kategorien CS I und CS II, für
Außenbereiche CS II und CS III angewandt. Die Kategorie CS III stellt bereits sehr
hochfeste Putze dar (wie sie beispielsweise im Sockelbereich verwendet werden). Die
Gruppe CS IV ist für Sonderanwendungen gedacht.

Tabelle 130.2-05: Mörteleigenschaften gemäß EN 998-1 [88]

Eigenschaften	Kategorien	Werte
Druckfestigkeit nach 28 Tagen	CS I	0,4 bis 2,5 N/mm^2
	CS II	1,5 bis 5,0 N/mm^2
	CS III	3,5 bis 7,5 N/mm^2
	CS IV	≥6,0 N/mm2
Kapillare Wasseraufnahme	W 0	nicht festgelegt
	W 1	c≥0,40 kg/(m^2×min^{0,5})
	W 2	c≥0,20 kg/(m^2×min^{0,5})
Wärmeleitfähigkeit	T 1	≤0,1 W/(m×K)
	T 2	≤0,2 W/(m×K)

Eine Produktkennzeichnung (CE-Kennzeichnung) mit Angabe der Haftzugfestigkeit,
des Brandverhaltens und des Koeffizienten der Wasserdampfdurchlässigkeit ist für
die Verwendung von Putzen im europäischen Raum zwingend anzuwenden.

130.2.4.4   PASTÖSE PUTZMÖRTEL (KUNSTHARZPUTZE)

Die EN 15824 [121] ist die Ergänzung zur EN 998-1 [88] für kunststoffmodifizierte
Putze bzw. Kunstharzputze. Die speziellen Eigenschaften der Putze, deren Bindemittel überwiegend aus Kunstharz besteht, hat eine eigene normative Regelung erfordert, deren Produkte wie folgt eingeteilt werden:

- wasserverdünnbar: Das Produkt ist in Wasser gelöst oder dispergiert, seine
  Viskosität wird durch Zugabe von Wasser eingestellt.
- lösemittelverdünnbar: Das Produkt ist in organischen Lösemitteln gelöst oder
  dispergiert, seine Viskosität wird durch Zugabe von organischen Lösemitteln
  eingestellt.
- pulverförmig: Das Produkt ist mit Wasser zu mischen, um eine pastöse Konsistenz zu erzielen.

Die Putzmörtel gemäß EN 15824 [121] stellen ausschließlich Oberputze (Deckputze)
dar. Aufgrund ihrer hohen Haftfestigkeit und ihrer elastischen Eigenschaften werden
diese Putze im Dünnschichtverfahren sowohl auf konventionellen Untergründen (z.B.
auf Unterputz) als auch direkt auf Beton angewandt. Auf Altbestand-Putz sind diese
Putzmörtel nur bedingt anzuwenden, da sie teilweise sehr dampfdicht sind und den

Feuchtigkeitshaushalt von alten Putzuntergründen beeinträchtigen und sich dadurch Hohllagen und Blasenbildungen ergeben können.

Interessant ist bei dieser normativen Regelung auch der Anwendungsbereich für gering kunststoffmodifizierte Putze. Sowohl Silikat- als auch Silikonharzputze können, je nach Deklaration, in diese Norm fallen. Für die Einteilung der Putzmörtel gemäß EN 15824 [121] sind die Dampfdiffusionsfähigkeit, die kapillare Durchlässigkeitsrate wie auch die mechanischen Eigenschaften entscheidend bzw. geregelt.

Tabelle 130.2-06: Klassifikation der Dampfdiffusion gemäß EN 15824 [121]

Kategorie		Anforderung	
		Wasserdampfdiffusiums-stromdichte V [g/(m²×d]	diffusionsäquivalente Luft-schichtdicke sd[1] [m]
V1	Hoch	>150	<0,14
V2	Mittel	>15 und ≤150	<1,40 und ≥0,14
V3	Niedrig	≤15	≥1,40

[1] Die Werte der diffusionsäquivalenten Luftschichtdicke sd entsprechen der EN ISO 7783-2

Tabelle 130.2-07: Klassifikation der kapillaren Durchlässigkeit gemäß EN 15824 [121]

Kategorie		Anforderung [kg/(m²·h^{0,5})]
W$_1$	Hoch	>0,50
W$_2$	Mittel	>0,10 und ≤0,50
W$_3$	Niedrig	≤0,10

Für die mechanischen Eigenschaften wurden die Haftfestigkeit und die Dauerhaftigkeit geregelt. Die Anforderung beträgt für die Haftfestigkeit bzw. auch nach Alterung jeweils 0,3 MPa auf Betonuntergrund. Für die Wärmeleitfähigkeit ist ein Wert mit <1,0 W/(m.K) angegeben.

Das Brandverhalten für kunststoffmodifizierte Putze wird bei einem Anteil an organischen Stoffen von <1,0 M-% mit Euroklasse A1 und bei > 1,0 M-% mit einer Einstufung A2 bis F angegeben.

130.2.4.5 GIPSPUTZ

Gipsputz wird ausschließlich für den Innenbereich angewandt, wobei zusätzliche Regelungen für den Bereich von Feuchträumen vorgesehen sind. zeigt die Zusammenstellung der im europäischen Normenwerk geregelten Gipsprodukte.

Abbildung 130.2-01: Zusammenstellung der Gipsbinder und Gips-Trockenmörtel

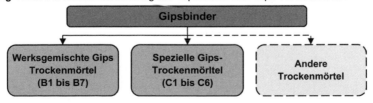

Für die Anwendung als Putzmörtel sind die werksgemischten Gips-Trockenmörtel Kategorie B gemäß EN 13279-1 [111] vorgesehen. Die folgende Aufstellung beinhaltet die verschiedenen Varianten an Putztrockenmörtel inklusive den Gipskalkmörteln. Die Bezeichnung ist von B1 bis B7 den jeweiligen Putztypen zugeordnet.

    B1   Gips-Putztrockenmörtel
    B2   gipshaltiger Putztrockenmörtel
    B3   Gipskalk-Putztrockenmörtel

B4   Gips-Leicht-Putztrockenmörtel
B5   gipshaltiger Leicht-Putztrockenmörtel
B6   Gipskalk-Leicht-Putztrockenmörtel
B7   Gips-Putztrockenmörtel für Putz mit erhöhter Oberflächenhärte

Versteifungsbeginn

Sowohl für die Verarbeitung als auch für die Kategorisierung ist der Versteifungsbeginn des frischen Gipsmörtels entscheidend.

Anforderungen

Für die per Hand zu verarbeitenden Gips-Putztrockenmörtel der Kategorien B1
bis B7 beträgt die Anforderung >20 mm, für die maschinell zu verarbeitenden
Mörtel der Kategorien B1 bis B7 >50 mm.

Tabelle 130.2-08: Gips-Trockenmörtel – Anforderungen gemäß EN 13279-1 [111]

Gips-trocken-mörtel	Gehalt an Gipsbinder	Versteifungsbeginn		Biegezug-festigkeit	Druck-festigkeit	Oberflächen-härte	Haftfestigkeit
		Gips-hand-putz	Gipsma-schinen-putz				
	[%]	[min]	[min]	[N/mm²]	[N/mm²]	[N/mm²]	[N/mm²]
B1	>50						Der Bruch entsteht im Untergrund oder im Gipsputz. Wenn der Bruch zwischen Gipsputz und Untergrund erfolgt, muss der Wert ≥0,1 sein
B2	<50						
B3	1)			≥1,0	≥2,0	–	
B4	>50	>20	>50				
B5	<50						
B6	1)						
B7	>50			≥2,0	≥6,0	≥2,5	

1) nach Punkt 3.3, 3.4, 3,5 und 3.6 der EN 13279-1

Mechanische Eigenschaften

Die mechanischen Eigenschaften für Gipsmörtel werden durch die Biegezug- und
Druckfestigkeit sowie durch die Oberflächenhärte bestimmt. Für die Gipsart B7
(Gips-Putztrockenmörtel für Putz mit erhöhter Oberflächenhärte) ist zusätzlich die
Oberflächenhärte geregelt. Diese Oberflächenhärte wird mittels des Brinellverfah-
rens geprüft. Dabei wird eine Stahlkugel mit dem Durchmesser von 10 mm mit
einer bestimmten Kraft auf die Oberfläche gedrückt und der dabei entstandene
Durchmesser der Eindrückung für die Einstufung herangezogen.

Feuchtigkeitsbeanspruchung

Nach den Bestimmungen der ÖNORM B 3346 [57] werden Räume in die Feuch-
tigkeitsgruppen von W1 bis W4 eingeteilt. Putzprofile, Putzträger und Armierun-
gen sind auf die jeweilige Gruppe abzustimmen. Kalk-Zement-Putze sind für die
Belastungsgruppen W1 und W2 ohne besondere Vorbehandlung geeignet, für die
Belastungsgruppen W3 und W4 sind vor Verfliesungsarbeiten Vorbehandlungen
gemäß ÖNORM B 3346 [57] durchzuführen. Gipshaltige Innenputze sind nur bis
zur Belastungsgruppe W3 und unter der Voraussetzung, dass in der Belastungsgruppe W2 zu verfliesende Wandflächen vor dem Kleberauftrag mit einer geeigneten Grundierung vorzubehandeln sind, zulässig.

Tabelle 130.2-09: Feuchtigkeitsbeanspruchungsgruppen ÖNORM B 2207[49]

Beanspruchungs-gruppe	W1	W2	W3	W4
Luftfeuchtigkeit	erhöht, kein Tauwasser	kurzzeitig hoch, evtl. Tauwasser	kurzzeitig hoch, Tauwasser	länger erhöht, Tauwasser
Reinigungswasser	periodisch feuchtes Wischen	feuchtes Wischen, periodische Nassreinigung	periodische Nassreinigung	tägliche Intensivreinigung
Spritzwasser	keines	kurzzeitig, gering bis mittel	kurzzeitig, stark	länger anhaltend, mittel bis stark
Typische Vorkommens-bereiche	Flure, Treppen-häuser	Küche WC-Anlagen ohne Bodenablauf Hausarbeitsräume	Spritzwasser-bereich in Duschen und Badezimmern	Großküchen gewerbliche Duschen und Duschanlagen Bodenflächen mit Abläufen im Nutzungsbereich

130.2.4.6 PUTZE MIT BESONDEREN EIGENSCHAFTEN

Putze können neben den Witterungs- und den dekorativen Eigenschaften noch zusätzliche bauphysikalische Funktionen erfüllen.

Sanierputz

Die ÖNORM B 3345 [56] ist als Ergänzung zur EN 998-1 [N684] zu sehen, die in der Kategorie R (Renovation) sehr grobe Vorgaben an Sanierputze angibt. Im deutschsprachigen Raum hat sich die WTA-Richtlinie (Merkblatt 2-9-04/D) [38] der Wissenschaftlich-Technischen Arbeitsgemeinschaft für Bauwerkserhaltung und Denkmalpflege e. V. durchgesetzt. Die ÖNORM B 3345 übernimmt die Vorgaben der WTA-Richtlinie und stellt weitere Putzsysteme für die Sanierung von feuchtem Mauerwerk zusammen. Die Anwendung und Verarbeitung von Sanierputzen, die als begleitende oder flankierende Maßnahmen für Trockenlegungen gemäß ÖNORM B 3355-1 bis 3 [59][60][61] vorgesehen sind, werden in der ÖNORM B 3346 [57] geregelt.

Für die Herstellung von Sanierputzmörteln ist der Mischvorgang entscheidend. Da Sanierputzmörtel im fertigen Zustand ein definiertes Luftporengerüst benötigen, ist es sehr wesentlich, die Mischvorgänge exakt einzuhalten. Ebenso ist eine Mindestdicke für eine zielsichere Erreichung der Wirkung notwendig. Sanierputzmörtel gemäß ÖNORM B 3345 [56] weisen eine hohe Resistenz gegenüber salzbelasteten Untergründen auf und haben darüber hinaus hydrophobe (Wasser abweisende) Eigenschaften bei gleichzeitig hoher Dampfdurchlässigkeit. Damit kann eine „trockene" Oberfläche trotz feuchtem Untergrund erzielt werden, da die Putze mehr Feuchtigkeit abgeben, als sie aufnehmen. Eine Putzaufbringung sollte jedoch erst auf einem weitgehend trockenen Untergrund erfolgen.

- Saniervorspritzer: auf den Sanierputzmörtel abgestimmte Vorspritzer.
- Sanierausgleichsmörtel (ehemals „*Sanier-Grundputzmörtel*"): Putzmörtel zum Ausgleichen grober Unebenheiten sowie als Salzdepot.
- Sanierputzmörtel: Putzmörtel mit speziellen Anforderungen an die Porosität, kapillare Wasseraufnahme, wärmedämmenden Eigenschaften und mechanische Standfestigkeit. Einteilung in die Klassen „*L*" und „*N*".
- Sanierfeinputzmörtel: Putzmörtel zur Erzielung einer vorgesehenen Oberflächenstruktur (auch für Anstrich geeignet).
- Sockelputzmörtel: Putzmörtel, der für die Aufbringung im Sockelbereich gemäß ÖNORM B 3355-3 geeignet ist.

Tabelle 130.2-10: Sanierputze – Anforderungen gemäß ÖNORM B 3345 [56]

		Sanierputz-mörtel N	Sanierputz-mörtel L	Sanierfein-putzmörtel	Sockel-putzmörtel
Druckfestigkeit	[N/mm²]	1,5–5,0 (CS II)	1,5 – 5,0 (CS II)	0,4 – 2,5 (CS I)	≥2,5
Wasserdampfdiffusi-onswiderstand μ	[–]	≤12	≤12	≤12	≤20
Wassereindringtiefe nach 24 h	[mm]	≤20	≤5	–	≤3
Salzeindringung nach 10 d	[–]	keine Durchdringung	keine Durchdringung	–	keine Durchdringung
Mindestdicke	[mm]	20	30	–	30

Opferputz

Ein dem Sanierputz ähnliches Produkt stellt der Opferputz dar, der bei der Sanierung von feuchtem Mauerwerk oder salzbelastetem Naturstein angewandt wird. Im Zuge von Trockenlegungsarbeiten bei Mauerwerk wie auch bei versalztem Naturstein ist es bei hohen Salzbelastungen erforderlich, die Wand oder den Bauteil zu entsalzen. Mittels Kompressen oder einem eigenen Opferputz kann mithilfe des Opferputzes die Salzbelastung abgesenkt werden. Der Opferputz wird aufgetragen und, sobald er seine Aufgabe nicht mehr erfüllen kann, durch eine neue Lage ersetzt. Da die gelösten Salze durch das kapillar wandernde Wasser bis an die Verdunstungsoberfläche des Putzes geführt werden und dort auskristallisieren, verliert aber der Putz im Lauf der Zeit seine Diffusionsfähigkeit, das heißt ein salzbelasteter Altputz trägt nicht mehr zur Entfeuchtung des Mauerwerkes bei und muss wieder erneuert werden. Übliche Zeiträume betragen ca. 5 Jahre. Die Produkte, meist als Werktrockenmörtel im Handel, sind nach Herstellerangaben zu verarbeiten.

Lehmputz

Die heutigen Lehmputze bieten bereits eine große Variation an Möglichkeiten. Bei speziellen Behandlungen sind selbst Putzoberflächen in Nassräumen möglich. Sie werden nur im Innenbereich mit einer Dicke von etwa 1 cm aufgebracht und je nach Anwendungstechnik mit Putzträger aus Schilfmatten verwendet. Der Vorteil der Lehmputze liegt im höheren Feuchtigkeitsspeichervermögen und den damit verbesserten Raumklimaeigenschaften. Sie sind sehr weiche Putze, die zu einem oberflächlichen Absanden neigen.

Akustikputz

Für die Verbesserung der Nachhallzeiten bzw. der Adaptierung der akustischen Eigenschaften von Räumen werden mehrlagige Akustikputze angeboten. Diese sind in der Regel Dünnschichtputze mit einem eigens abgestimmten Korn und mit einer kunstharzmodifizierten Bindung. Die mittleren Absorptionsgrade (NRC) liegen beispielsweise bei Akustik-Spritzputzen (Fa. Sto) bei 0,35/0,51.

Brandschutzputz

Klassischer Brandschutzputz wird heute praktisch nur mehr auf Betonoberflächen bei starker Brandexposition eingesetzt (z. B. Tunnel), um Abplatzungen und Schädigung von Beton und Bewehrung zu reduzieren bzw. überhaupt zu vermeiden. Die Schaffung einer thermischen Barriere mittels eines faserarmierten, wärmedämmenden Putzes stellt eine kostengünstige Möglichkeit dar. Mit Spritzmörtel können darüber hinaus auch bestehende Bauteile geschützt werden. Beide Systeme verringern im Brandfall die Oberflächentemperatur des Innenausbaues bzw. des tragenden Betons und vermeiden dadurch das explosive Abplatzen bzw. schützen die dahinter liegende Struktur vor zu hoher Wärmeentwicklung und den daraus resultierenden Folgeerscheinungen. Die ÖNORM B 3800-4 [69] (Zurückziehung 01.03.2008) gab Vorgaben für Putzdicken für Bauteile mit bestimmter Brandwiderstandsdauer an.

Die Eigenschaften des Brandschutzmörtels werden vom Hersteller mittels eigener Prüfzeugnisse nachgewiesen. Entscheidend für die Eignung des Brandschutzmörtels ist die Fähigkeit die Temperaturerhöhung an der Bewehrungslage des Betons auf einem Wert von unter 460°C zu halten. Weiters ist es notwendig, dass der Brandschutzputz unter thermischer Belastung die Festigkeit nicht verliert. Spezielle Brandschutzmörtel können darüber hinaus auch Eigenschaften wie Betoninstandsetzungsmörtel aufweisen.

Wärmedämmputz

Mit Wärmedämmputzmörteln werden Mörtel mit einer definierten Wärmeleitfähigkeit bezeichnet. Die Abkürzung für Wärmedämmputzmörtel gemäß EN 998-1 [88] ist „*T*", wobei zwischen zwei Klassen (T1 und T2, siehe) unterschieden wird. Die Wärmedämmmörtel sind entsprechend den Herstellerangaben aufzubringen, wobei üblicherweise zur Erreichung einer Verbesserung des Wärmeschutzes Putzdicken von mehr als 3 cm erforderlich sind. Die wärmedämmenden Eigenschaften werden durch Beigabe von Leichtzuschlägen wie Styropor oder Perlite erreicht.

Dichtputz, Sperrputz

Unter Dicht- bzw. Sperrputz werden zementgebundene und hoch kunststoffmodifizierte Putze mit Putzdicken von bis zu 1 cm verstanden. Die Putze sind extrem dicht und weisen eine geringe kapillare Saugfähigkeit auf. Sie sind als Abdichtung der aufgehenden Wände vorgesehen. Durch die Anwendung von Dicht- bzw. Sperrputzen kann es in kapillar saugenden Wänden zu einer Erhöhung des Feuchtigkeitsniveaus kommen. Dicht- bzw. Sperrputze sollten in ihrer Anwendung sorgfältig geplant werden, da sie Sekundärbauteile durch die erhöhte kapillare Weiterleitung schädigen können.

130.2.5 PUTZAUFBRINGUNG

Unter Putzaufbringung versteht man den Vorgang der Untergrundprüfung, der Untergrundvorbereitung, der Putzaufbringung sowie der Fertigstellung der Oberfläche.

130.2.5.1 UNTERGRUNDPRÜFUNG

Die Untergrundprüfung ist ein wesentlicher Schritt für einen qualitativ hochwertigen und dauerhaften Innen- und Außenputz. Die ÖNORM B 2210 [50] regelt hinsichtlich der Untergrundprüfung, die Bestandteil der Putzleistung ist, Umfang und Methodik. Ebenso sind die vertraglich üblicherweise vorzusehenden Untergrundvorbereitungsarbeiten geregelt. Diese sind je nach Putzart, Ausführungstechnik und Untergrund unterschiedlich. Die Untergrundprüfung selbst beinhaltet nachfolgende Prüfkriterien, wobei die Prüfung mit branchenüblichen, einfachen Methoden (wie Augenschein, Klopfen, Ritzen, Messlatte) zu erfolgen hat.

- Ebenheit, Winkelrechtheit
- Saugverhalten
- Festigkeit, Rauheit
- Verschmutzung, Ausblühungen

- Putzgrundfeuchtigkeit, Temperatur
- Risse und Abplatzungen
- Gefahr der Hinternässung des Putzes, z.B. aufgrund von Öffnungen oder fehlenden Abdeckungen, Eindeckungen, Verblechungen
- Befall durch Pilze oder Algen

Tabelle 130.2-11: Prüfliste für Untergrundprüfung auf der Baustelle – ÖNORM B 3346 [57]

Beschaffenheit	Prüfmethode	Befund	Maßnahme
Feuchtigkeit	Augenschein	Dunkle Farbe	Warten, bis Putzgrund ausreichend trocken ist[a]
	Wischprobe	Nässe	
	Benetzungsprobe	langsame oder keine Wasseraufnahme	
Anhaftende Fremdmaterialien, Staub, Schmutz	Augenschein	Farbunterschied, Erhebungen	Reinigen mit Traufel, Bürste, Besen bzw. mit Wasser und trocknen lassen
	Wischprobe	Abstauben	
Lockere und mürbe Teile am Putzgrund	Ritzprobe	Abplatzen	Vollständige Entfernung mit Traufel, Stahlbürste oder Stahlbesen
	Wischprobe	Absanden, Abmehlen	
Reste von Schalungstrennmittel	Benetzungsprobe	Wasser perlt ab	Reinigen mit Bürste und Wasser unter Zusatz von entsprechenden Netzmitteln. Abspülen mit reinem Wasser, trocknen lassen; Sandstrahlen
	UV-Licht	Fluoreszierendes Aufleuchten	
Saugverhalten	Augenschein	glänzende Oberfläche	Bei gipshaltigen Putzen: Aufbringen einer Haftbrücke[b];
	Wischprobe	glatte Oberfläche	
	Benetzungsprobe	kein Farbumschlag von hell auf dunkel, anhaftende Wassertropfen	Bei Kalk-Zement-Putzen: Aufbringen eines Haftvermittlers[b]
		sehr rascher Farbumschlag von hell auf dunkel	Vorspritzer, Grundierung zum Saugausgleich
Betonhaut und Sinterschichten	Ritzprobe	Abplatzen, Abblättern	Bürsten mit Stahlbürste; Aufrauen mit Stahlbesen; Sandstrahlen; Schleifen
	Benetzungsprobe	Geringes Saugverhalten, in der Ritzung jedoch Dunkelfärbung (starkes Saugverhalten)	
Ausblühungen	Augenschein	Salzablagerungen	Trocken abbürsten Erforderlichenfalls Aufbringen einer Haftbrücke bzw. eines Haftvermittlers
Temperatur von Raumluft und Putzgrund	Messung	< +5°C	Heizen und Lüften mit ausreichender Erwärmung des Putzgrundes

[a] Die gegebenenfalls erforderliche Feststellung der Restfeuchtigkeit von Beton erfolgt mittels CM-Gerät, wobei die Probenahme in einer Tiefe von 2 cm bis 4 cm durchzuführen ist.
[b] Haftbrücken für gipshaltige Produkte sind für Kalk-Zement-Putze nicht geeignet.

Die Ebenheit des Untergrundes wird mit einer Messlatte ermittelt, die Anforderungen an die Ebenflächigkeit für einen zu verputzenden Untergrund werden in der ÖNORM DIN 18202 [81] geregelt. gibt die Anforderungen an die Ebenheitstoleranzen auszugsweise wieder und gilt auch für die Untersichten von Rohdecken. Die erhöhten Anforderungen sind für Räume mit besonderen Ansprüchen an die Oberflächengestaltung (Stichwort *„Streiflicht"*) vorgesehen.

Tabelle 130.2-12: Ebenheitstoleranzen – ÖNORM DIN 18202 [81]

Bezug	Stichmaße als Grenzwerte in mm bei Messpunktabständen in m bis				
	0,1	1	4	10	15
Nichtflächenfertige Wände und Unterseiten von Rohdecken	5	10	15	25	30
Flächenfertige Wände und Unterseiten von Decken, z. B. geputzte Wände, Wandbekleidungen, untergehängte Decken	3	5	10	20	25
Wie vor, jedoch mit erhöhten Anforderungen	2	3	8	15	20

130.2.5.2 UNTERGRUNDVORBEREITUNG

Zu den Untergrundvorbereitungen zählen das Auswerfen von offenen Fugen, eventuelle Dickenausgleiche, das Verschließen von Installationsausbrüchen und Ähnliches. Die folgende Aufstellung gibt einen Überblick über die Maßnahmen im Zuge der Untergrundvorbereitung.

- An- bzw. Einputzen nach den Dachdecker-, Spengler-, Schlosser-, Glaser-, Tischler-, Steinmetz- und sonstigen Arbeiten, soweit dies im Zuge von Putzarbeiten auszuführen ist.
- Putzen von Schlitzen bis zur Tiefe der zweifachen Nennputzdicke sowie bis zum Ausmaß des vierfachen Querschnittes der Leitungen.
- Putzen von ausgemauerten oder mit Putzträgern überspannten Schlitzen und Durchbrüchen.
- Lüftung geschlossener Räume bis zum Abschluss der eigenen Arbeiten.
- Beistellen des Putzmaterials zum Verschließen von Verankerungsstellen, z. B. bei Gerüsten.
- Herstellen und nachträgliches Verschließen arbeitstechnisch bedingter Aussparungen.

Bei Mauerwerk mit großer Saugfähigkeit kann bei empfindlichen Putzen eine so genannte *„Aufbrennsperre"* notwendig werden. Diese regelt ein gleichmäßiges Saugverhalten des Untergrundes. Bei Mauerwerken werden bei konventionellen Putzsystemen Vorspritzer (Kellenwurf) aufgebracht, wobei diese aus einem Zementmörtel mit grober Ausfallskörnung bestehen, die meist händisch und nicht flächendeckend aufgebracht werden. Als Variante wurde in den letzten Jahren auch ein maschineller Vorspritzer entwickelt, der mit der Putzmaschine praktisch vollflächig aufgebracht wird.

Bei Betonuntergründen kann ebenfalls eine Haftbrücke erforderlich werden. Zwingend sind diese Haftbrücken bei Gipsputzen und bei Untergrundfeuchtigkeit vorgesehen. Sie bestehen meist aus Kunstharzdispersionen mit Quarzsandfüllung. Der Effekt der Haftbrücken liegt darin, dass eine Zwischenschicht zwischen Putz und Untergrund eingeführt wird, die einerseits das Feuchtigkeitsverhalten aus dem Untergrund und andererseits eine formschlüssige Verbindung regelt. Nicht geeignete Putzuntergründe erfordern zusätzliche Vorbereitungsmaßnahmen wie beispielsweise Putzträger (siehe auch 130.2.3.6).

130.2.5.3 PUTZAUFBRINGUNG

Die neue ÖNORM B 3346 [57] weist ein eigenes System für die Oberflächenqualität von Putzen auf. Die Oberflächenqualitäten werden in eigenen Qualitätsstufen dargestellt und sind vom Planer vor Beginn der Arbeiten bekannt zu geben.

Üblicherweise werden nach dem Vorspritzer Außenputze zweilagig und Innenputze einlagig aufgebracht. Bei den Außenputzen wird vorerst ein Grobputz aufgezogen und nach entsprechender Standzeit ein Oberputz (Feinputz oder Dekorationsputz) auf den Unterputz aufgezogen. Die Putzaufbringung kann dabei händisch oder maschinell erfolgen.

Händisches Aufbringen

Bei händischer Aufbringung muss vorher die Wand hinsichtlich der Ebenflächigkeit vermessen und mit Hilfe von Distanzpunkten ein Endoberflächenniveau festgelegt werden. Die Distanzpunkte werden anschließend mit vertikalen Leisten (aufgemörtelte Putzleisten) verbunden. Auf die so eingerichtete Ebene wird nunmehr der Unterputz aufgebracht und abgezogen. Die Mindestdicken für Unterputze im Außenbereich liegen bei etwa 2 cm, für Innenputze bei etwa 1,5 cm. Bei großen Abweichungen der Ebenheit dürfen zu große Putzdicken (über 3 cm) keinesfalls in einem Arbeitsgang ausgeführt werden, da es sonst aufgrund der Schwindspannungen zu Rissbildungen und Ablösungen (Hohllagen) kommen kann. Der Oberputz (Feinputz, Edelputz etc.) wird anschließend in der Regel etwa korndick aufgezogen.

Maschinenputz

Die maschinelle Aufbringung erfolgt mithilfe von Nassmörtel-Pumpen. Die Putzmaschinen bestehen aus einem Mischteil und einem Förderteil. Der Förderteil, in der Regel eine Förderschnecke, pumpt das Material aus dem Mischer in einen Druckschlauch.

Vorspritzer

Zementmörtel aus feinteilarmen, „reschen" Sanden mit einem ausreichenden Anteil an grober Ausfallskörnung (Größtkorn etwa 6 mm), händisch oder maschinell aufgebracht.

Einlagenputz

Mit Einlagenputz werden Putze bezeichnet, die sowohl im Innenbereich als auch im Außenbereich angewandt werden können. Im Innenbereich sind Einlagenputze durchaus üblich, bei Außenputzen ist darauf zu achten, dass die Putze einerseits eine hohe Verformungsfähigkeit haben und andererseits ein spezielles Abbindeverhalten aufweisen, um einen Oberflächenverschluss zu erzielen.

Mehrlagenputz

Bei der Verwendung verschiedener Fabrikate für den Putzaufbau mehrlagiger Putze ist die Verträglichkeit der Werkputzmörtel untereinander zu berücksichtigen. Ebenso ist auf die Standzeiten der einzelnen Lagen zu achten. Darunter wird jene Abbinde- bzw. Austrocknungsdauer verstanden, die für einen optimalen Putzaufbau notwendig ist. Die Standzeit richtet sich grundsätzlich nach dem Bindemittel, der Aufbringungsart, dem Untergrund, dem Klima und den Witterungsverhältnissen. Speziell bei Gips- und Gips-Kalkputzen ist darauf zu achten, dass in der Abbindephase nicht zu hohe Luftfeuchtigkeit herrscht, da es sonst es sonst zu einer Versinterung der Oberfläche kommt, die dann vor weiteren Behandlungsschritten nachbearbeitet werden müssen.

Tabelle 130.2.-13: Richtwerte für Standzeiten von Putzen – ÖNORM B 3346 [57]

Vorspritzer	1/2 Woche
Kalk-Zement-Unterputze	pro cm Nennputzdicke 2 Wochen
Putze aus Werkputzmörtel	je nach Produktdeklaration
aufgespachteltes Textilglasgitter	1 Woche
Haftbrücken bzw. Grundierungen	nach Herstellerangaben

Bei Putzen mit hydraulischen Bindemitteln (Zement, Kalk-Zement etc.) ist darauf zu achten, dass diese Putze *„ausreißen"* und damit eine höhere Standzeit benötigen. Darunter versteht man das weitgehende Abklingen des Schwindens der Putzlage. Damit kann ein Ablösen der Putzlage vom Untergrund bzw. eine Rissbildung an der Oberputzfläche vermieden werden. Bei Bindemitteln auf Kalkbasis ist ebenfalls eine gewisse Standzeit vonnöten. Sie orientiert sich jedoch bei diesen Putzen an der Dauer des Abbindevorganges über die Aufnahme von CO_2 aus der Luft (Karbonatisierung). Kalkputze müssen ein relativ dampfoffenes Gefüge aufweisen, da für das Abbindeverhalten der Zutritt von Luft (CO_2) notwendig ist. Früher wurden die Abbinde- bzw. Standzeiten der Kalkputze durch das Abbrennen von Kokskörben in den Räumen beschleunigt.

130.2.5.4 PUTZDICKEN

Tabelle 130.2-14 und Tabelle 130.2-15 zeigen die gemäß ÖNORM B 3346 [57] vorzusehenden Putzdicken getrennt nach Nennputzdicken (NPD) und Mindestputzdicken (MPD). Wenn Herstellerangaben davon abweichende Werte angeben, sind diese zu beachten. Darüber hinaus wird noch unterschieden zwischen Innen- und Außenputzen. Sanierputze oder Brandschutzputze benötigen gegebenenfalls höhere Putzdicken.

Tabelle 130.2-14: Putzdicken für Innenputze gemäß ÖNORM B 3346 [57]

Innenputze in Abhängigkeit vom Baustoff	Wand						Decke			
	ohne Armierung		mit eingel. Armierung (bei gipshaltigen Putzen)		mit aufgesp. Armierung (bei kalkzementhaltigen Putzen)		ohne Armierung		mit aufgesp. Armierung	
	NPD	MPD	NPD	MPD	NPD	MPD	NPD	MPD	NPD	MPD
	mm	mm	mm	mm	mm	mm	mm	mm	mm	mm
Ziegel, Betonstein	15	10	-	-	-	-	15	10	-	-
Porenbeton	15	10	-	-	-	-	-	-	-	-
Leichtbeton	15	10	-	-	-	-	10	8	-	-
Holzspan-Mantelsteine	15	10	-	-	-	-	-	-	-	-
Holzspan-Dämmplatten einschichtig	20	15	-	-	15+3	10+2	15	10	15+3	10+2
Holzspan-Dämmplatten zwei- oder dreischichtig	20	15	20	15	15+3	10+2	20	15	15+3	10+2
Holzwolle-Platten einschichtig	20	15	20	15	15+3	10+2	15	10	15+3	10+2
Holzwolle-Platten zwei- oder dreischichtig	20	15	20	15	15+3	10+2	20	15	15+3	10+2
Kleinflächige Wärmebrückendämmung	15	10	15	10	15+3	10+2	a)		15+3	10+2

a) Putzdicke abhängig vom Wandbildner der Hauptfläche.

Tabelle 130.2-15: Putzdicken für Außen- und Sanierputze gemäß ÖNORM B 3346 [57]

Außenputze[a] Putzdicken unabhängig vom Wandbaustoff	Unterputz				Putzsystem (Putzaufbau)			
	Wand		Decke		Wand		Decke	
	NPD	MPD	NPD	MPD	NPD	MPD	NPD	MPD
	mm	mm	mm	mm	mm	mm	mm	mm
Normalputze	15	10	15	10	20	15	20	15
Leichtgrundputze gemäß ÖNORM EN 988-1:2010 mit $R_d \leq 1300$ kg/m³	20	15	15	10	25	20	20	15
Wärmedämmputze[b]	35 bis 60	30	20 bis 30	15	40 bis 65	35	25 bis 35	20
Sanierputzmörtel L	[c]	30	–	–	siehe Herstellerangabe			
Sanierputzmörtel N	[c]	20[d]	–	–	siehe Herstellerangabe			

a) Im Fall einer aufgespachtelten Armierung mit Gewebe sind zur Nennputzdicke 3 mm dazuzurechnen.

b) Bei Wärmedämmputzen ist die Mindest-Putzdicke maßgebend und gemäß bauphysikalischen Vorgaben festzulegen.

c) Die gewählte Nennputzdicke muss die erforderliche Mindestputzdicke sicherstellen.

d) Dieser Wert darf auf 15 mm gemindert werden, wenn Sanier-Ausgleichsputzmörtel oder voll deckend und in entsprechender Schichtdicke aufgebrachter Saniervorspritzer verwendet wird; bei mehrlagiger Verarbeitung müssen die Putzlagen eine Dicke von mindestens 10 mm aufweisen. Das gilt auch, wenn Sanierputzmörtel N als Deckputz verwendet wird.

Für Sockelputze gelten, soweit vom Hersteller nicht anders angegeben, die Werte für Normalputze. Werden Sanierputze verwendet, sind die Werte für Sanierputze heranzuziehen.

130.2.5.5 PUTZARMIERUNG

Für empfindliche Untergründe empfiehlt sich eine Putzarmierung. Bei Außenputzen wird diese Putzarmierung durch ein aufgespachteltes Textilglasgitter gemäß ÖNORM B 3347 [58] ausgeführt. Wesentlich ist die ordnungsgemäße Einbindung des Textilglasgitters in die Spachtelschicht. Darüber hinaus dürfen die Enden des Textilglasgitters nicht frei bewittert werden, da sonst die Fäden wie ein Kerzendocht Feuchtigkeit in die Putzlagen einziehen können.

Bei Innenputzen wird ebenfalls häufig eine Putzarmierung angewandt. Diese Putzarmierung kann bei Gipsputzen durch ein eingebettetes Textilglasgitter bei einer einlagigen Putzausführung hergestellt werden.

130.2.5.6 PUTZOBERFLÄCHEN

Die Oberputze sind für die farbliche Gestaltung der Fassaden entscheidend, der Farbton der Fassade wird gemäß Farbkarten (beispielsweise RAL-Karte) und die Helligkeit mittels Hellbezugswert bemessen, der auf den Farbkarten angegeben wird. Ein niedriger Hellbezugswert steht für einen dunklen Farbton, ein hoher Hellbezugswert für einen hellen Farbton. Der Hellbezugswert darf bei empfindlichen Putzuntergründen nicht zu nieder gewählt werden (zu dunkler Farbton), da es sonst zu unzulässig hohen Erwärmungen der Putzoberfläche kommen kann. Die ÖNORM B 3346 [57] enthält ergänzende Bestimmungen zu den ÖNORMEN EN 13914-1 [117] und -2 [118], die alle notwendigen Arbeitsschritte und die Vorgaben an Untergrund und Oberfläche wiedergeben.

Die klassischen Oberflächengestaltungen für Oberputze sind das Reiben, das Glätten und das Kratzen. Aufbauend auf diesen Techniken haben sich auch noch eigene Ziertechniken wie Waschel-, Windel- und Rindenputz entwickelt. In Europa gibt es viele weitere regionale Spezialarten.

Reibputz

Die Struktur ergibt sich je nach der Richtung des Reibvorganges: gerieben (= rund), gestoßen (= waagrecht oder senkrecht) mit Kleinstkorn von rund 2 mm.

Kratzputz

Die Oberfläche wird nach begonnener Erhärtung mit der Kratzbürste bearbeitet.

Glättputz

Mit der Glättkelle verrieben als Basis für Anstriche und Beschichtungen.

Kellenputz

Der frisch aufgetragene Feinputz wird fächer- oder schuppenförmig mit der Kelle verstrichen.

Spritzputz

Als dünnflüssiger Mörtel mittels Spritzputzgerät (Ratsche) oder Pistole auf den Oberputz aufgebracht.

Waschelputz (Rieselwurf)

Es wird das noch nicht erhärtete Bindemittel oberflächlich ausgewaschen, wodurch die Zuschlagkörner sichtbar werden.

Patschokk

Pinsel- oder Streichputz, der deckend angeworfen wird und anschließend mit einem Pinsel oder einer Bürste zu verreiben ist.

Strukturputz

Als Strukturputz werden Putze mit einer eigenen Oberflächengestaltung bezeichnet, die regional unterschiedlich ausgeformt ist. Die unterschiedlichen Putzstrukturen haben dann oft typische regionale, tradierte Bezeichnungen.

Die farbliche Gestaltung der Putzflächen kann einerseits durch gefärbte Oberputze, andererseits auch durch gestrichene Putzflächen ausgeführt werden.

Durchgefärbte Oberputze

Die durchgefärbten Oberputze werden in der Regel durch Verwendung pigmentierten Materialien oder Sanden hergestellt. Sie stellen eine sehr hochwertige Oberfläche dar, da sie speziell auch in Verwendung mit Kratzputzen dauerhafte und sehr witterungsfeste Oberflächen darstellen.

Gestrichene Oberflächen

Farbanstiche als farbliche Gestaltung von Oberputzen werden sehr häufig verwendet. Sie haben einerseits den Vorteil der leichten Farbwahl und andererseits auch die Möglichkeit der Anwendung bei Sanierung von Putzflächen. Es wird je nach Bindemittel zwischen mineralischen Farben, Silikat- und Silikonharzfarben unterschieden. Ebenso wie bei den Außenputzen gilt auch hier, dass die Verwendung von zu dunklen Farbtönen (Hellbezugswert < 25) bei empfindlichen Untergründen zu vermeiden ist.

Selbst reinigende Fassadensysteme

Verschiedene Hersteller haben in den letzten Jahren Anstrichsysteme auf den Markt gebracht, die selbst reinigende Eigenschaften aufweisen. Diese basieren auf den aus der Bionik kommenden Ergebnissen über die speziellen Eigenschaften des Lotusblattes. Oberflächen mit einer Makrostruktur und einer Mikrooberflächenstruktur, die auf das Verhalten von Wassertropfen abgestimmt sind, können Schmutzpartikel bei Beregnung leichter abgeben.

Sofern ausreichende Niederschlagshäufigkeit auf den entsprechenden Fassadenflächen vorhanden ist, können diese Reinigungseffekte über einen langen Zeitraum aufrechterhalten werden. Speziell im urbanen Bereich, wo Dieselabgase und Ähnliches zu massiver Schmutzbelastung führen können, bringen diese Putzanstriche Vorteile. Eine weitere Innovation der letzten Jahre stellen photokatalytisch wirkende Anstriche dar. Bei diesen Anstrichen werden bei Zutritt von UV-Licht Schmutzpartikel zersetzt, damit sie leichter abgebaut oder abgespült werden können. Diese Anstriche können sowohl für Außenfassaden als auch für Innenräume (zur Schadstoffreduktion) eingesetzt werden. Diese speziellen mikrostrukturierten Nanopartikel besitzen die Fähigkeit, unter Lichteinwirkung organische Verbindungen abzubauen. Sie wandeln also (ähnlich der Photosynthese) die Lichtenergie in eine chemische Energie um. Durch die photokatalytische Wirkung wird der Schmutz an der Oberfläche chemisch angegriffen und reduziert. Anschließend kann durch einwirkenden Regen der Schmutz unterspült und abgewaschen werden.

Pflanzenbewuchs

Je nach Ausgestaltung können Kletterpflanzen direkt oder auf einem eigenen Klettergerüst gezogen werden. Der Bewuchs wirkt sich einerseits auf das Klima der Oberfläche (Abschattung, feuchtigkeitsregulierend) und andererseits auf die Bauphysik aus. Pflanzenbewuchs wirkt schall- und staubabsorbierend und kann den Wärmeschutz verbessern. Ob eine Putzfläche oder ein Putzmörtel für einen Pflanzenbewuchs geeignet ist, muss vom Hersteller frei gegeben werden.

Die Klassifikation der Oberflächenqualitäten gemäß ÖNORM B 3346 [57] orientiert sich an den Anforderungen aus dem Trockenbau. Die Oberflächenqualitäten werden für abgezogene (Tabelle 130.2-16), geglättete (Tabelle 130.2-17) und geriebene Innenputzflächen mit den Qualifikationsstufen Q1 bis Q4 dargelegt. Standard gemäß wird die Klassifikation Q2 vorgeschrieben.

TABELLE 130.2-16: Oberflächenqualitäten für abgezogenen (geschnittenen) Innenputz – ÖNORM B 3346 [57]

Q1	Für Oberflächen von Putzen, an die keine Anforderungen gestellt werden (z.B. Optik, Ebenheit, Putzdicke), ist eine geschlossene Putzfläche ausreichend. Mit diesem Putz kann eine luftdichte Schicht auf dem Mauerwerk erreicht werden. Bei solchen Ausführungen sind Bearbeitungsspuren sichtbar. Schwindrisse oder Fugeneinfall sind nicht auszuschließen.
Q2 **Standard**	Für Oberflächen von Putzen/Unterputzen, an die nur Standardanforderungen bzgl. Ebenheit und keine optischen Anforderungen gestellt und vertraglich vereinbart wurden, ist ein abgezogener/geschnittener Putz ausreichend. Diese Oberfläche ist geeignet z.B. für: Oberputze Körnung ~2,0 mm, bewehrten Unterputz, keramische Wandbeläge, Natur-und Betonwerkstein u. dgl. Eine abgezogene Putzoberfläche wird nach dem Putzauftrag durch Abziehen (Schneiden) und Ausrichten des Putzes erreicht. Als Untergrund für Fliesen-, Natursteinbeläge u. Ä. darf die Oberfläche nicht gefilzt oder geglättet werden.
Q3	Für Oberflächen von Putzen/Unterputzen, an die keine optischen, aber erhöhte Anforderungen an die Ebenheit gestellt und vertraglich vereinbart wurden, ist ein eben abgezogener Putz erforderlich. Zur Erfüllung erhöhter Anforderungen an die Ebenheit sind Unterputzprofile oder Putzleisten einzusetzen. Das Anbringen von Unterputzprofilen oder Putzleisten ist eine besonders zu vergütende Leistung. Putzoberflächen der Qualitätsstufe 3 – abgezogen – sind z.B. geeignet für: Oberputze, Körnung> 1,0 mm und keramische Wandbeläge. Als Untergrund für Fliesen-, Natursteinbeläge u. Ä. darf die Oberfläche nicht gefilzt oder geglättet werden.
Q4	Nicht möglich

Tabelle 130.2-17: Oberflächenqualitäten für geglätteten Innenputz – ÖNORM B 3346 [57]

Q1	Für Oberflächen von Putzen, an die keine Anforderungen gestellt werden (z.B. Optik, Ebenheit, Putzdicke), ist eine geschlossene Putzfläche ausreichend. Mit diesem Putz kann eine luftdichte Schicht auf dem Mauerwerk erreicht werden. Bei solchen Ausführungen sind Bearbeitungsspuren sichtbar. Schwindrisse oder Fugeneinfall sind nicht auszuschließen.
Q2 Standard	Diese Oberfläche entspricht der Standardqualität und genügt den üblichen Anforderungen an Wand- und Deckenflächen. Putzoberflächen der Qualitätsstufe Q2 – geglättet – sind geeignet für: – Oberputze, Körnung > 1,0 mm, mittel- bis grobstrukturierte Wandbekleidungen (z.B. Raufasertapeten), matte, gefüllte Anstriche/Beschichtungen (z.B. quarzgefüllte Dispersionsbeschichtung), die mit langfloriger Farbrolle oder mit Strukturrolle aufgetragen werden. Bei geglätteten Putzoberflächen ist zu beachten, dass mit mittel- bis grobstrukturierten Wandbekleidungen sowie Oberputzen > 1,0 mm einzelne Untergrundunregelmäßigkeiten optisch besser egalisiert werden können, als mit gefüllter Beschichtung, die mit langfloriger Farbrolle (Lammfellrolle) oder mit Strukturrolle aufgetragen wird. Es sind vereinzelte Abzeichnungen, wie z.B. Traufelstriche, nicht auszuschließen. Schattenfreiheit bei Streiflicht kann nicht erreicht werden.
Q3	Die Qualitätsstufe 3 beinhaltet alle Ausführungen der Qualitätsstufe 2. Zusätzlich wird in einem weiteren Arbeitsgang die Putzoberfläche mit geeigneter Spachtelmasse vollflächig überzogen. Putzoberflächen der Qualitätsstufe Q3 – geglättet – sind geeignet für: Oberputze, Körnung S 1,0 mm, fein strukturierte Wandbekleidungen (z.B. Vlies, Raufasertapeten), matte, fein strukturierte Anstriche/Beschichtungen. Bearbeitungsspuren, wie z.B. Traufelstriche, werden weitgehend vermieden. Bei Streiflicht sind Abzeichnungen und Schattenbildungen nicht auszuschließen. Grad und Umfang solcher Abzeichnungen sind gegenüber dem Standard (Q2 – geglättet) geringer.
Q4	Die Qualitätsstufe 4 beinhaltet alle Ausführungen der Qualitätsstufe 3 sowie zusätzlich vollflächiges Überarbeiten der Oberfläche mit geeigneten Spachtel- oder Glättputzmaterial, gegebenenfalls auch mit vorhergehendem Zwischenschliff. Der Putz muss erhöhten Anforderungen an die Ebenheit entsprechen. Wenn ein abgezogener Unterputz der Qualitätsstufe Q3 (gemäß Tabelle 8) vorhanden ist, sind die Unterputzprofile nach dem Auftrag des Unterputzes zu entfernen und die Fehlstellen zu schließen. Alternativ kann auf den Flächen mit verbleibenden Unterputzprofilen auch eine vollflächige Spachtel- oder Glättputzlage, z.B. mit Vlies, aufgebracht werden. Putzoberflächen der Qualitätsstufe Q4 – geglättet – sind geeignet für glatte Wandbekleidungen und Beschichtungen mit Glanz, z.B. mit: Metall-, Vinyl- oder Seidentapeten, Lasuren oder Anstrichen/Beschichtungen bis zu mittlerem Glanz, Spachtel- und Glättetechniken. Eine Oberflächenbehandlung der Qualitätsstufe 4, die sehr hohe Anforderungen erfüllt, minimiert die Möglichkeit von Abzeichnungen. Grundsätzlich wird eine Putzoberfläche von der Belichtung (Tageslicht, künstl. Beleuchtung, Leuchtmittel) beeinflusst. Absolute Schattenfreiheit bei Streiflicht kann nicht erreicht werden. Die Belichtungsverhältnisse und die bei der späteren Nutzung vorgesehenen Beleuchtungsverhältnisse müssen bekannt sein. Zweckmäßigerweise sollten sie bereits zum Verputzzeitpunkt imitiert werden. In Einzelfällen kann es sein, dass, in Verbindung mit Beschichtungs- und Klebearbeiten, weitere Maßnahmen (z.B. mehrmaliges Spachteln und Schleifen) zur Vorbereitung der Oberfläche für die Schlussbeschichtung notwendig sind, wie z.B. für: glänzende Beschichtungen, Lackierungen, Lacktapeten. In diesen Einzelfällen sollte die über Q3 hinausgehende Spachtelung von jenem Fachunternehmen vorgenommen werden, das auch die Beschichtung durchführen wird.

130.2.6 PUTZFUGEN

Sowohl aus statischen wie auch aus verarbeitungstechnischen Gründen ist es erforderlich, Fugen auszubilden und einen fachgerechten Abschluss herzustellen. Folgende typische Putzfugen werden ausgeführt:

- Dehnfugen sind aus konstruktiven, schalltechnischen, thermischen oder hygrischen Gründen erforderliche Bewegungsfugen.
- Trennfugen sind Bewegungsfugen bedingt durch horizontal und vertikal aufeinandertreffende, unterschiedliche Baustoffe im Putzgrund.
- Anschluss- und Abschlussfugen, als Putzabgrenzung zwischen unterschiedlichen Wandbildnern.
- Putztrennfugen zwischen unterschiedlich zusammengesetzten Putzen.
- Fenster- und Türanschlüsse.
- Kanten- und Sockelausbildungen.

Für die Ausführung von Putzfugen sind nachfolgende Ausführungsrichtlinien zu beachten [26]:

- Die Ausbildung von Dehnfugen ist bei der Planung vorzusehen.
- Dehnfugen sind nur unter Zuhilfenahme von Profilen ausbildbar.
- Hohlräume hinter den Profilen sind zur Vermeidung von Wärmebrücken mit Dämmmaterial auszufüllen.
- Bei Dehnungsfugen mit Dichtstoffen sind spezielle Ausführungsrichtlinien hinsichtlich der Dichtstoffe zu beachten.
- Es sind die den Anforderungen entsprechenden Profile zu wählen.
- Zum Ansetzen der Profile muss ein Befestigungsmörtel verwendet werden.
- Verzinkte Profile eignen sich für Gips-, Kalk-, Kalk-Zement- und Zementputze.
- Leichtmetallprofile eignen sich für kunstharzgebundene Spachtelmassen, Putze und Anstriche sowie für Gipsputze.
- Profile aus rostfreiem Edelstahl sind dort einsetzbar, wo mit ständiger Durchfeuchtung zu rechnen ist.
- Profile aus Kunststoff können für Fenster- und Türanschlussfugen und als Kantenprofile sowie bei wärmegedämmten Flächen eingesetzt werden.
- Verzinkte und Aluminiumprofile dürfen wegen der Gefahr der Kontaktkorrosion nicht zusammengeführt werden.
- Das Schneiden von verzinkten Profilen muss mit einer Blechschere erfolgen, Winkelschleifer sind nicht zulässig.
- Das Schneiden von Kunststoffprofilen erfolgt mit einer Auflage- bzw. Gehrungsschere.
- Bei Dehnfugen muss der Fugenbereich offen und frei von Mörtel und Putz bleiben.
- Beim Ansetzen der Dehnfugenprofile ist darauf zu achten, dass die Funktionsfähigkeit nach allen Richtungen gewährleistet ist.

Speziell bei Innenputzen gilt:

- Keinesfalls darf Gips für nicht gipshaltige Putze verwendet werden.
- Beim Innenputz ist für ausreichende Trocknung durch gute Be- und Entlüftung zu sorgen.

Speziell bei Außenputzen gilt:

- Zum Ansetzen der Profile muss ein Befestigungsmörtel verwendet werden, der für den Außenputz geeignet ist (keine Gipsmaterialien).
- Für Außenflächen sind ausschließlich Außenputzprofile zu verwenden.
- Die Fugenausbildungen sind schlagregendicht, korrosionssicher, witterungs- und UV-beständig auszuführen.
- Glatte Kunststoffüberzüge dürfen nicht überputzt werden und sind nach dem Putzvorgang sofort zu reinigen.
- Das Vorfixieren der Profile ist mit verzinkten Stahlstiften möglich, die nach dem Abbinden des Ansetzmörtels wieder zu entfernen sind.
- Verzinkte Profile ohne Kunststoffüberzug sind gänzlich in den Grundputz einzubetten.

130.2.6.1 SOCKELAUSBILDUNGEN

Für den unteren Abschluss von Außenputzen ist die Verwendung von Putzprofilen zweckmäßig. Die folgenden Abbildungen zeigen typische Ausführungen.

Abbildung 130.2-02: Sockelausbildungen im Außenputz [26]

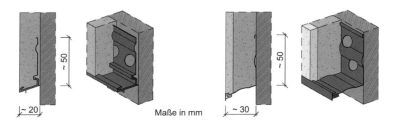

Maße in mm

EINLAGENPUTZ   **MEHRLAGENPUTZ**

130.2.6.2 DEHNFUGEN

Die folgenden Systemskizzen zeigen typische Ausführungen von Dehnfugen für den Innen- und Außenbereich unter Verwendung von vorgefertigten Profilen. Die ordnungsgemäße Befestigung der Profile am tragenden Untergrund ist dabei für eine dauerhafte Funktion wichtig.

Abbildung 130.2-03: Einbaubeispiele Dehnfugen mit Profilen – Innenputz [26]

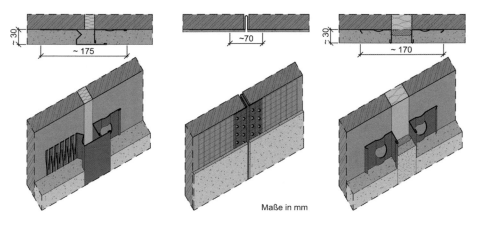

Maße in mm

Abbildung 130.2-04: Einbaubeispiele Dehnfugen mit Profilen – Außenputz [26]

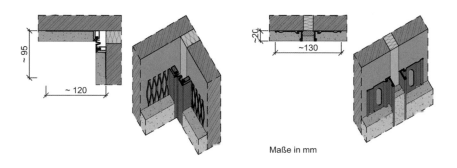

Maße in mm

130.2.6.3   PUTZTRENNFUGEN

Trennfugen müssen bei starren Anschlüssen an Bauteilen oder bei Arbeitsfugen angeordnet werden. Die Abbildungen zeigen typische Beispiele unter Verwendung vorgefertigter Profile. Ähnlich den Dehnfugen ist eine ordnungsgemäße Befestigung der Profile am tragenden Untergrund für eine dauerhafte Funktion wichtig.

Abbildung 130.2-05: Putztrennfugen im Innenputz [26]

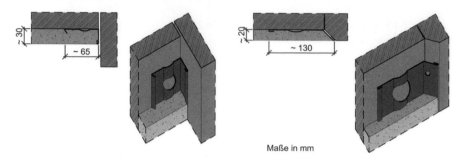

Maße in mm

Abbildung 130.2-06: Putztrennfugen im Außenputz [26]

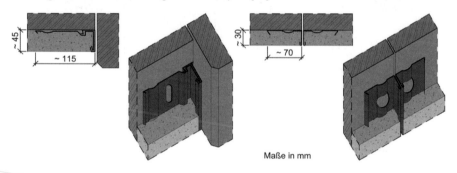

Maße in mm

130.2.6.4   KANTENAUSBILDUNGEN

Als Schutz für die empfindlichen Kanten von Putzen werden Metall- und Kunststoffprofile eingesetzt. Diese Profile erleichtern auch wesentlich die Verarbeitung, da sie als Anschlag zum Abziehen des frischen Mörtels verwendet werden können damit saubere winkelgerechte Flächen geputzt werden. Für Außenanwendung und Feuchträume sind korrosionsbeständige Materialien zu verwenden.

Abbildung 130.2-07: Kantenausbildungen im Innenputz [26]

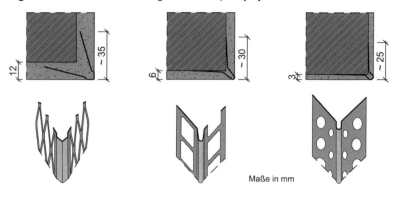

Maße in mm

Abbildung 130.2-08: Kantenausbildungen im Außenputz [26]

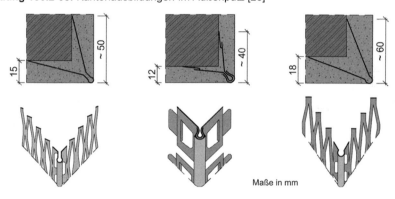

Maße in mm

130.2.6.5 ANSCHLUSSFUGEN

Der Anschluss an Fenster, Türen und Tore muss aufgrund der dynamischen Belastungen besonders sorgfältig ausgebildet werden. Für eine schlagregensichere Ausbildung werden bei hochwertigen Profilsystemen Schaumstoffdichtungen verwendet (siehe Band 11: Fenster [12]).

130.2.7 ZIER- UND GESTALTUNGSELEMENTE

Die Gesimse an den Außenfassaden dienen zur Gliederung der Fassade sowie als Witterungsschutz für Fenster. Das Ausbilden von profilierten Ichsen im Decken-Wandbereich oder auch an den Wand- oder Deckenflächen wird als „Ziehen" bezeichnet. Bei dieser Technik werden mithilfe einer Zugschablone, die an einer eigenen applizierten Schiene geführt wird, die Putzschichten hergestellt. Die Mörtel für Zugarbeiten müssen speziell verformungsfähig und mit hoher Bindekraft ausgestattet sein. Eine Variante dieser Zugarbeiten stellt das Vorbereiten von Profilen dar, die anschließend auf die Putzoberfläche aufgesetzt werden. Die Industrie hat zwischenzeitlich auch Fertigprodukte als Bauteile für den Innen- und Außenbereich auf den Markt gebracht.

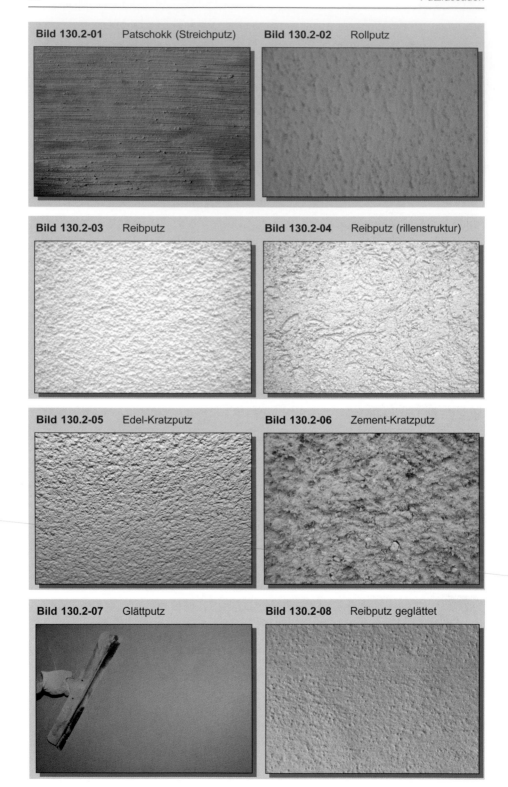

Bild 130.2-01   Patschokk (Streichputz)

Bild 130.2-02   Rollputz

Bild 130.2-03   Reibputz

Bild 130.2-04   Reibputz (rillenstruktur)

Bild 130.2-05   Edel-Kratzputz

Bild 130.2-06   Zement-Kratzputz

Bild 130.2-07   Glättputz

Bild 130.2-08   Reibputz geglättet

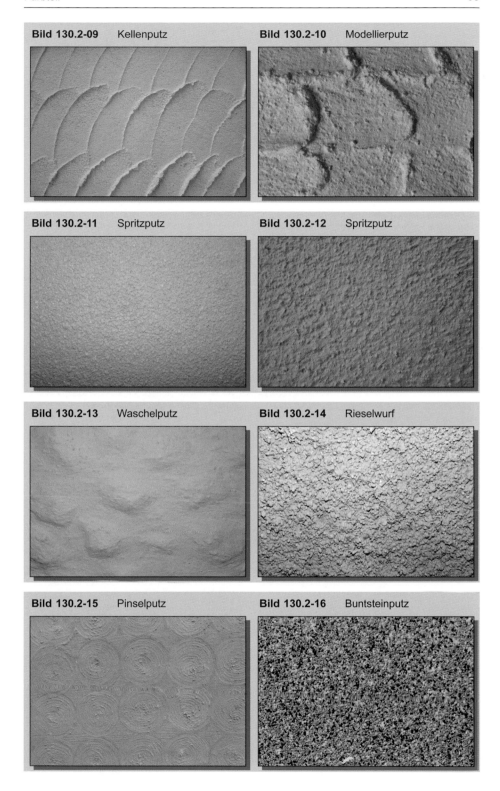

Bild 130.2-09 Kellenputz

Bild 130.2-10 Modellierputz

Bild 130.2-11 Spritzputz

Bild 130.2-12 Spritzputz

Bild 130.2-13 Waschelputz

Bild 130.2-14 Rieselwurf

Bild 130.2-15 Pinselputz

Bild 130.2-16 Buntsteinputz

130.3 WÄRMEDÄMMVERBUNDSYSTEME

Wärmedämmverbundsysteme haben sich in den letzten Jahren neben den Anwendungen im Neubau auch zu der führenden Methode der thermischen Verbesserung von Wohnbauten entwickelt. Die Idee einer fugenlosen Fassaden-Wärmedämmung mit dem damals noch neuen Dämmstoff EPS und einer verformungsfähigen, armierten dünnen Deckschicht unter Verwendung von Kunstharzzusätzen zum mineralischen Mörtel stammt von E. Horbach aus dem Jahre 1957/58. In Praxisversuchen an drei Einfamilienhäusern im Raum Stuttgart wurden bereits 1959 erste Versuche durchgeführt. Es stellte sich jedoch heraus, dass die fehlende Alkalibeständigkeit des Textilglasgitters zu Schäden führte. Im Jahre 1963 wurde das erste marktreife System unter dem Markennamen *„Dryvit"* der Firma Herberts in der Schweiz und zwei Jahre später in Österreich auf den Markt gebracht. Die damals verwendeten Dämmstoffdicken lagen bei 2,5 cm bis 3,5 cm.

Wärmedämmverbundsysteme (WDVS, englische Bezeichnung ETICS: External Thermal Insulation Composite Systems with Rendering), auch früher als Vollwärmeschutz oder Thermohaut bezeichnet, bestehen aus einer mit dem Baukörper (Rohbau) verklebten und bei Sanierungen immer mit zusätzlich verdübelter Dämmstofflage, die mit einer Deckschicht versehen ist.

Die Deckschicht besteht aus einem mineralischen, kunststoffmodifizierten oder organischen Unterputz mit jeweils einer Textilglasgittereinlage (Armierung) und einem Oberputz. Optional kann ein Farbanstrich ausgeführt werden.

Abbildung 130.3-01: Systemaufbau Wärmedämmverbundsystem

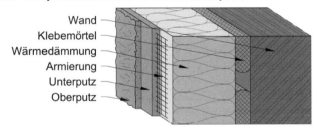

Wand
Klebemörtel
Wärmedämmung
Armierung
Unterputz
Oberputz

Aus heutiger Sicht kann man zusammenfassen, dass WDVS bei optimaler Verarbeitung eine Nutzungsdauer von mehr als 30 Jahren aufweisen. Dies wird auch durch die seit dem Jahre 2000 geltende Zulassungs-Leitlinie der EOTA demonstriert, die eine Mindest-*„Nutzungsdauergarantie"* von 25 Jahren vorsieht.

Die Leitlinie der EOTA (Europäische Organisation für Zulassungen) mit der Bezeichnung ETAG 004 [19] ist das Regelwerk für die Ausstellung von Europäischen Technischen Zulassungen für die Konformitätsbestätigung.

Der Schwerpunkt bei der Zulassung liegt bei der Klassifizierung der Deckschicht. Die Systeme werden nach deren Wasseraufnahme eingestuft und auf deren *„hygrothermisches Verhalten"* geprüft. Dieses wird mit Hilfe eines Großwand-Bewitterungsversuches untersucht. Ergänzt wird die Zulassungsleitlinie ETAG 004 [19] durch die für Dübel geltende Leitlinie ETAG 014 [21], die ebenfalls für die Erstellung von Zulassungen dient.

130.3.1 FUNKTIONSWEISE

Wärmedämm-Verbundsysteme sind hoch wärmedämmende Schichten, die an Außenwänden aufgebracht werden. Bedingt durch die gewünschte thermische Verbesserung der Außenwand (U-Wert) kommt es abhängig vom Hellbezugswert der Deckschicht bei

Sonneneinstrahlung zu einer sehr raschen Erhöhung der Temperatur der Oberputz-schicht. Die Temperaturen, die bei hellen Fassaden entstehen können, betragen etwa 35 bis 45°C, bei dunklen Fassadentönen (Hellbezugswert HBW ≤20) können Tempe-raturen bis über 85°C auftreten. Rasche Temperaturanstiege und Abkühlungen durch z.B. Schlagregen belasten die Deckschicht des Wärmedämm-Verbundsystems bzw. im Speziellen die Oberputzschicht besonders stark. Die größten Belastungen (Span-nungen) treten im Bereich der Stoßfugen der Dämmstoffplatten auf. Für die Aufnahme der Dehnungen und der Belastungen dient die Textilglasgitterarmierung.

Tabelle 130.3-01: Normen für WDVS in Österreich

ÖNORM B 2259	Herstellung von Außenwand-Wärmedämm-Verbundsystemen – Werkvertragsnorm
ÖNORM B 3800-5	Brandverhalten von Baustoffen und Bauteilen – Teil 5: Brandverhalten von Fassaden – Anforderungen, Prüfungen und Beurteilungen
ÖNORM B 6000	Werkmäßig hergestellte Dämmstoffe für den Wärme- und/oder Schallschutz im Hochbau – Arten und Anwendung
ÖNORM B 6124	Dübel für Außenwand-Wärmedämm-Verbundsysteme
ÖNORM B 6400	Außenwand-Wärmedämm-Verbundsysteme – Planung
ÖNORM B 6410	Außenwand-Wärmedämm-Verbundsysteme – Verarbeitung
ÖNORM EN 13494	Wärmedämmstoffe für das Bauwesen – Bestimmung der Haftzugfestigkeit zwischen Klebemasse/Klebemörtel und Wärmedämmstoff sowie zwischen Unterputz und Wärmedämmstoff
ÖNORM EN 13495	Wärmedämmstoffe für das Bauwesen – Bestimmung der Abreißfestigkeit von außenseitigen Wärmedämm-Verbundsystemen (WDVS) (Schaumblock-Verfahren)
ÖNORM EN 13496	Wärmedämmstoffe für das Bauwesen – Bestimmung der mechanischen Eigenschaften von Glasfasergewebe
ÖNORM EN 13497	Wärmedämmstoffe für das Bauwesen – Bestimmung der Schlagfestigkeit von außenseitigen Wärmedämm-Verbundsystemen (WDVS)
ÖNORM EN 13498	Wärmedämmstoffe für das Bauwesen – Bestimmung des Eindringwiderstandes von außenseitigen Wärmedämm-Verbundsystemen (WDVS)
ÖNORM EN 13499	Wärmedämmstoffe für Gebäude – Außenseitige Wärmedämm-Verbundsysteme (WDVS) aus expandiertem Polystyrol - Spezifikation
ÖNORM EN 13500	Wärmedämmstoffe für Gebäude – Außenseitige Wärmedämm-Verbundsysteme (WDVS) aus Mineralwolle – Spezifikation
ETAG 004	Leitlinie für die Europäische technische Zulassung für außenseitige Wärme-dämm-Verbundsysteme mit Putzschicht
ETAG 014	Leitlinie für die Europäische technische Zulassung für Kunststoffdübel zur Befestigung von außenseitigen Wärmedämm-Verbundsystemen mit Putzschicht
Baustoffliste ÖE	Verordnung des OIB über die Baustoffliste ÖE (in der aktuellen Fassung)

Hellbezugswert (HBW)

Der Hellbezugswert ist in der DIN 5033-1 [40] als das 100-fache des Reflexions-faktors R_v (bzw. Transmissionsfaktors) definiert. Dieser Reflexionsfaktor ist in DIN 5036-1 [41] näher beschrieben.

Für eine dauerhafte rissfreie Fassade ist es notwendig, das elastische Verhalten von Unterputz und Oberputz aufeinander optimal abzustimmen. Der Oberputz ist in der Regel deutlich elastischer eingestellt als der Unterputz, sodass es bei einem Anriss der Unterputzschicht und bei tragender Wirkung der Textilglasgitterarmierung zu kei-nem Bruch der Oberputzschicht kommt. Eine Rissdehnung von mehr als 0,1 mm wird üblicherweise von Oberputzen erreicht. Für eine optimale Wirkungsweise der Textil-glasgitterarmierung sind die Lage des Textilglasgitters im Unterputz und dessen Dicke ausschlaggebend. Abhängig von der Dicke des Unterputzes (3 mm, 5 mm usw.) wird das Textilglasgitter mittig bzw. im äußeren Drittel eingebettet. Ebenso ist es notwen-dig, dass die Komponenten (Ober- und Unterputz) des Fassadensystems nicht durch fremde Systemkomponenten ausgetauscht werden, da sonst die Abstimmung von Ober- und Unterputzschicht nicht mehr gegeben ist (Systemgedanke ETAG 04 [19]).

Abbildung 130.3-02: Darstellung der Rissgefährdung bzw. der Funktionsweise der Textilglas-armierung, in Relation zur Außentemperatur

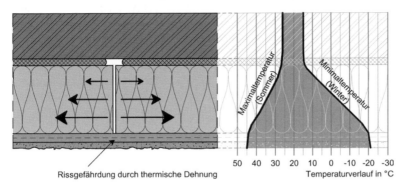

Rissgefährdung durch thermische Dehnung

50 40 30 20 10 0 -10 -20 -30
Temperaturverlauf in °C

Die Anforderungen an das Brandverhalten von WDVS werden in der OIB-Richtlinie 2 [28] auf Basis der ÖNORM B 3806 [70] für die einzelnen Gebäudeklassen festgelegt, wobei zwischen klassifizierten WDV-Systemen oder dem Aufbau mit klassifizierten Komponenten (Deckschicht, Dämmschicht) unterschieden wird.

Tabelle 130.3-02: Anforderung an das Brandverhalten von WDVS (OIB-Richtlinie 2)

	Gebäudeklassen					
	GK1	GK2	GK3	GK4	GK5	Hochhaus
WDVS	E	D	D	C-d1	C-d1	A2-d1
Deckschicht klassifiziert	E	D	D	A2-d1	A2-d1	A2-d1
Dämmschicht klassifiziert	E	D	D	B	B	A2

Die Klassifizierungen des Brandverhaltens (A2, B, C, D) und des brennenden Abtropfens bzw. Abfallens (d1) sind nach EN 13501-1 [113] festgelegt.

130.3.2 DÄMMSTOFFE

Die am österreichischen Markt verwendeten WDV-Systeme basieren vorrangig auf der Dämmstoffart EPS (expandiertes Polystyrol), bekannt unter dem Markennamen „Styropor" (ca. 85 % Marktanteil), und Mineralwolle (ca. 8 % Marktanteil). Die restlichen 7 % Marktanteile entfallen auf neuere Dämmstoffe. Der Trend geht zu immer dickeren Dämmstofflagen (ein- und mehrlagig), im Neubau liegen übliche Dicken bei bis zu 20 cm, in der Sanierung bei ca. 14 cm.

Die Querzugfestigkeit ist für die statischen Belange des WDVS neben dem Schubmodul maßgebend. Die in Österreich verwendeten Dämmstoffe müssen gemäß den Regelungen der Verordnung über die Baustoffliste ÖE (in der aktuellen Fassung, basierend auf den Vorgaben der ÖNORM B 6400 [76]) eine vorgegebene Querzugfestigkeit aufweisen, andernfalls ist ein Standsicherheitsnachweis zu führen. Die Dämmstoffart Styropor muss beispielsweise eine Querzugfestigkeit von mindestens 150 kPa (TR 150) besitzen. Die Produktart „Mineralwolle", die den zweitgrößten Anteil am Markt darstellt, wird gemäß ÖNORM B 6400 [76] mit drei Querzugsfestigkeitsklassen, TR 5, TR 10 und TR 80 verwendet, eine Verdübelung ist bei TR 5 und TR 10 auch im Neubau zwingend vorzusehen.

Neben den mechanischen Eigenschaften der Dämmstoffe haben sich in den letzten Jahren aber auch die wärmetechnischen massiv verbessert. Durch den Einsatz von modifiziertem Kunststoffmaterial konnte bei Styropor die Wärmeleitfähigkeit von 0,040 W/mK auf bereits 0,031 W/mK abgesenkt werden. Dies führt dazu, dass bei noch geringem Materialverbrauch eine deutlich verbesserte wärmetechnische Eigenschaft der Gebäudehülle erreicht wird. Neben den mechanischen und den wärmetechnischen Anforderungen sind für eine schadensfreie Fassade auch die dampfdiffusionstechnischen Eigenschaften maßgeblich. Dämmstoffe (Schaumstoffe) mit einem Lochbild reduzieren den Dampfdiffusionswiderstand des Systems und sind für kritische Wandaufbauten entwickelt worden. Mithilfe einer optimierten Deckschicht kann der Dampfdiffusionswiderstand des gesamten WDVS mit Styropor deutlich gesenkt werden.

Die ÖNORM B 6400 [76] unterscheidet die WDVS entsprechend der verwendeten Dämmstoffart gemäß ÖNORM B 6000.

Tabelle 130.3-03: Dämmstoffe für WDVS gemäß ÖNORM B 6000 [73] und deren Bezeichnungen

Kurzbez.	Produktbenennung	Bezugsnorm
EPS	Expandierter Polystyrol-Hartschaum	ÖNORM EN 13163 [106]
XPS	Extrudierter Polystyrol-Hartschaum	ÖNORM EN 13164 [107]
PUR	Polyurethan-Hartschaum	ÖNORM EN 13165 [108]
MW	Gebundene Mineralwolle	ÖNORM EN 13162 [105]
WF	Holzfasern	ÖNORM EN 13171 [110]
ICB	Expandierter Kork	ÖNORM EN 13170 [109]

130.3.2.1 EXPANDIERTES POLYSTYROL (EPS)

WDVS mit Styropor als Dämmstoff (Produktart gemäß ÖNORM B 6000 EPS-F und EPS-P) sind seit mehr als 40 Jahren am Markt und haben sich in vielfältigen Varianten bewährt. Speziell die Möglichkeiten, auch große Dämmstoffdicken leicht verarbeiten zu können, machen diese Systeme für Objektbauten im Niedrigenergie- und Passivhaus interessant. Fassadensysteme mit Styropor können im Neubau auf geeigneten Untergründen und in Sonderfällen auch ohne zusätzliche mechanische Befestigung aufgebracht werden.

Eine weitere Produktart des expandierten Polystyrols wird für den Sockelbereich verwendet. Diese Produktart unterscheidet sich vom Fassadenmaterial durch eine höhere Druckfestigkeit, in der Regel auch eine höhere Rohdichte sowie ein geschlossenes Porengefüge, bedingt durch den Herstellungsprozess. Diese Dämmstoffart wird mit der Bezeichnung EPS-P gemäß ÖNORM B 6000 geführt.

Tabelle 13.3-04: Verwendungsgebiete von expandiertem Polystyrol-Hartschaum als Fassadendämmung – ÖNORM B 6000 [73]

Produktart	Bezeichnung	Verwendungsgebiet
EPS-F	für Fassaden – Rohdichte 15 bis 18 kg/m³	Regelfassade
EPS-P	Druckfestigkeit ≥ 200 kPa	Sockel-, Spritzwasserbereich

Fassadensysteme mit Styropor benötigen ab Dämmstoffdicken von 10 cm und bei Objekten mit mehr als drei Geschoßen noch zusätzlich zu den brandtechnischen Anforderungen an das System nach den Vorgaben der ÖNORM B 3806 [70] bzw. der OIB Richtlinien (OIB-Richtlinie 2 [28]) im Fenstersturzbereich zusätzliche Bauteile mit brandhemmender Wirkung (Brandschutzriegel). Diese sind als Schutz gegen Flammenüberschlag an der Fassade vorgesehen und können entweder oberhalb des Fensters (Sturzbereich) oder durchgehend im Bereich des Deckenrostes (als *„Banderole"*) eingebaut werden. Aufgrund des Materialwechsels des Dämmstoffes Styropor auf ein weicheres System wie Mineralwolle sind Kreuzfugen tolerierbar.

Tabelle 130.3-05: Kennwerte WDVS – expandiertes Polystyrol (EPS-F)

Nennschichtdicken		Dämmstoffdicken	Flächenmasse
Unterputz	Oberputz		
3 mm und 5 mm	> 1,5 mm Dickputz möglich	3 cm bis 40 cm	<30 kg/m²

130.3.2.2 MINERALWOLLE (MW)

Fassadensysteme mit der Dämmstoffart Mineralwolle (MW-PT) haben sich aus den WDV-Systemen mit Styropor heraus entwickelt. Bedingt durch das Fehlen der Möglichkeit des Schleifens der Dämmplatten für ein Ebnen des Untergrundes benötigen Mineralwollesysteme in der Regel eine eigene Ausgleichsspachtelung (Egalisierung) vor der Applizierung des Unterputzes. Dies führt dazu, dass die Gesamtschichtdicken deutlich höher sind als bei den Styroporsystemen. Mineralwollesysteme werden aus Gründen des Brandschutzes vorrangig im Hochhausbereich, aber auch im hochwertigen Objektbereich eingesetzt.

Tabelle 130.3-06: Bezeichnungen und Qualifizierungen der Mineralwolle-Dämmstoffe (MW) gemäß ÖNORM B 6000 [73]

Produktart	Bezeichnung	
MW-PT 5	Putzträgerplatte	Zugfestigkeit ≥ 5 kPa
MW-PT 10	Putzträgerplatte	Zugfestigkeit ≥ 10 kPa
MW-PT 80	Putzträgerplatte	Zugfestigkeit ≥ 80 kPa

Tabelle 130.3-07: Kennwerte für WDVS-Mineralwolle (MW-PT)

Nennschichtdicken		Dämmstoffdicken	Flächenmasse
Unterputz	Oberputz		
5 mm und 8 mm	>1,5 mm Dickputz möglich	5 cm bis 20 cm	<40 kg/m²

Ein nicht unwesentlicher Vorteil dieser Mineralwollesysteme ist ihre Resistenz gegenüber tierischen Schädlingen wie z. B. Spechte. Derzeit sind die Recycling-Möglichkeiten für Mineralwolle aber noch eingeschränkt.

130.3.2.3 EXPANDIERTER KORK (ICP)

Die Fassadensysteme mit Kork als Dämmstoff (ICP) sind in ihrem Aufbau den Mineralwollesystemen ähnlich. Aufgrund der derzeit am Markt nicht ausreichend verfügbaren Rohstoffe haben sie jedoch einen sehr eingeschränkten Anwendungsbereich.

Tabelle 130.3-08: Bezeichnungen und Qualifizierungen von expandiertem Kork (ICB) gemäß ÖNORM B 6000 [73]

Produktart	Bezeichnung	
DK-E	Dämmplatte für Wärme- und Schallschutz	Zugfestigkeit ≥ 50 kPa

130.3.2.4 MINERALSCHAUMPLATTEN

Bei Mineralschaumplatten handelt es sich um ein extrem leichtes mineralisches Porenbetonmaterial. Sie sind als mineralisches System relativ leicht recycelbar und auch für brandbelastete Bereiche geeignet. Da die Produkte noch nicht sehr lange am Markt erhältlich sind, ist eine normative Regelung noch nicht vorhanden. Für die Herstellung und für die Verarbeitung gelten die jeweiligen Europäischen Technischen Zulassungen und die Herstellererklärungen.

130.3.2.5 HOLZWEICHFASERPLATTEN

Die Holzweichfaserplatten haben sich in den letzten Jahren massiv weiterentwickelt. Konnten bis vor einigen Jahren größere Dämmstoffdicken nur durch Verkleben einzelner Lagen hergestellt werden, ist es mit heutigen Systemen bereits möglich, gesamte Dämmstoffdicken von 160 mm zu erreichen. Dies macht die Holzweichfaserplatten auch für den Niedrigenergiehausbereich sehr interessant. Die ökologische Bewertung dieser Systeme ist als sehr gut anzusehen.

Tabelle 130.3-09: Bezeichnungen und Qualifizierungen von Holzfasern (WF) gemäß ÖNORM B 6000 [73]

Produktart	Bezeichnung	
WF-PT5	Holzfaser-Dämmstoff	Zugfestigkeit ≥ 5 kPa
WF-PT10	Holzfaser-Dämmstoff	Zugfestigkeit ≥ 10 kPa

130.3.2.6 EXTRUDIERTES POLYSTYROL (XPS)

Extrudierte Polystyrolplatten (XPS) werden als WDVS vorrangig im Sockel- und Spritzwasserbereich eingesetzt. Grundsätzlich sind diese Dämmplatten mit einer rauen, geschliffenen oder geprägter Oberfläche ausgestattet, um einen optimalen Haftverbund von Klebemörtel und Unterputz zu erreichen.

Tabelle 130.3.-10: Bezeichnungen und Qualifizierungen von extrudiertem Polystyrol-Hartschaum (XPS) gemäß ÖNORM B 6000 [73]

Produktart	Bezeichnung	
XPS-R	Raue Oberfläche	Zugfestigkeit k.A.

Auf die Besonderheiten bei der Befestigung des WDVS mit extrudierten Polystyrolplatten im Sockelbereich ist je nach Herstellervorgabe einzugehen. Insbesondere die Lage der Dübel zur Vermeidung der Verletzung der Abdichtungshochzüge (Spritzwasserbereich) ist zu beachten.

130.3.2.7 PHENOLHARZ-HARTSCHAUMSTOFF (PF)

Für diese Art von Dämmplatten existieren derzeit keine prinzipiellen Anwendungen gemäß ÖNORM B 6000. Die Eigenschaften der Dämmplatten werden durch den Hersteller (Systemhalter) auf Basis der Europäischen Technischen Zulassungen vorgegeben. Aufgrund der geringen Erfahrung ist besonders auf die Verarbeitungsrichtlinien des Herstellers zu achten. Die Wärmedämmplatten weisen sehr geringe Wärmeleitzahlen auf und sind somit für jene Flächen besonders geeignet, wo konstruktive Vorgaben nur eine geringe Dicke der Dämmplatten zulassen.

130.3.3 MONTAGE

Die Dämmstoffplatten müssen vor Feuchtigkeit und direkter Sonneneinstrahlung geschützt gelagert werden, durchnässte oder schadhafte Platten dürfen nicht eingebaut werden. Eine fugenfreie und ordentliche Montage der Dämmstoffplatten ist Grundvoraussetzung für ein einwandfreies Funktionieren des WDVS.

130.3.3.1 VERKLEBUNG

Der Klebemörtel wird unter Zugabe der entsprechenden Wassermenge mit einem Rührquirl so lange durchmischt, bis eine verarbeitungsgerechte Konsistenz erreicht ist. Der Mörtel kann, je nach Herstellerangabe, auch mit Putzmaschinen verarbeitet werden. Mit der Verklebung der Dämmstoffplatten auf den Untergrund wird in der

Regel an einer Hausecke begonnen. Entweder wird ein Sockelprofil für den unteren Abschluss oder eine speziell vorbereitete Dämmstofflage vorgesehen.

An den Plattenrändern der Dämmplatten muss umlaufend mit einer Breite von ca. 5 cm und mittig drei Punkte mit einem Durchmesser von ca. 15 cm der Klebemörtel ca. 2 cm dick aufgetragen werden. Diese Verklebung ist zwingend erforderlich (Randwulst-Punkt-Methode), um ein Hinterströmen der Dämmstoffplatten und damit eine schlechte Wärmedämmwirkung zu vermeiden. Nach dem Andrücken der Platte muss etwa 40 % der Fläche der Dämmplatte mit dem Untergrund durch Kleber verbunden sein. Alternativ (abhängig von der Ebenheit des Unterputzes) kann der Klebemörtel auch vollflächig aufgespritzt und mit einer Zahnspachtel (10 x 10 mm) aufgekämmt werden. Die Dämmplatten werden sofort danach (maximal 10 Minuten nach dem Anspritzen des Klebemörtels, je nach Witterung und Untergrund auch weniger) in den Mörtel unter schiebenden Bewegungen eingebettet. Bei Verwendung einer Mineralwolle-Lamellen-Dämmstoffplatte wird der Mörtel immer vollflächig aufgebracht.

Die Platten werden fugendicht gestoßen und fortlaufend im Verband mit mindestens 25 cm Überbindemaß verlegt, Kreuzfugen sind keinesfalls zulässig. An den Gebäudekanten werden die Platten ebenfalls im Verband verlegt, wobei der Plattenrand um die Plattendicke zuzüglich der Dicke des Klebemörtels über die Gebäudeecke herausragen muss. Um das Risiko von Rissen zu minimieren, sind die Platten an Fenster- und Türecken ausgeklinkt zu verlegen, d. h. in den Ecken sollten keine Dämmstofffugen vorhanden sein.

Abbildung 130.3-03: Verklebung der Wärmedämmplatten

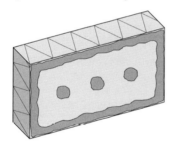

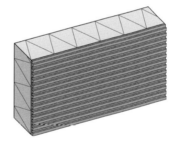

RANDWULST-PUNKT-METHODE   **VOLLFLÄCHIGE VERKLEBUNG**

Abbildung 130.3-04: Verbandsregeln für Wärmedämmplatten

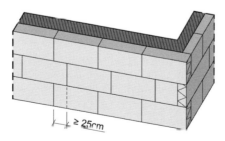

An allen Anschlüssen (z. B. Fenster und Türen) ist ein vorkomprimiertes Fugendichtband oder eine Anputzleiste zwischen Dämmplatte und flankierendem Bauteil einzulegen (Schlagregensicherheit). Bei der Dämmstoffart EPS-F und einer Dicke des Dämmstoffes von mehr als 10 cm sind zusätzliche Brandschutzriegel vorzusehen (siehe 130.3.1).

130.3.3.2 DÜBELUNG

Wärmedämmverbundsysteme müssen je nach Beschaffenheit des Untergrundes zusätzlich mechanisch befestigt werden (Dübelung). Für diese Dübelung sind gemäß den Vorgaben der Europäischen Technischen Zulassung des Herstellers Dübel entsprechend der ÖNORM B 6124 zu verwenden. Nach einer Standzeit des Klebers von mindestens 3 Tagen kann mit dem Dübeln und der Herstellung des Unterputzes begonnen werden.

Die Dübelung nach dem Schema „T" wird für Dämmplatten aus EPS-F und ICB empfohlen, das Schema „W" ist für Dämmplatten aus MW-PT erforderlich. Beim Verlegen der Dämmstoffplatten mit einer üblichen Klebefläche von etwa 40 % sind die Dübel nur im Bereich des Klebers zu setzen.

Abbildung 130.3-05: Dübelschemata für Dämmstoffplatten – z. B. 6 Dübel pro m²

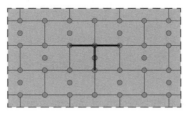   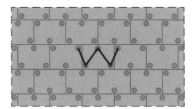

SCHEMA „T"   SCHEMA „W"

Gemäß ÖNORM B 6410 [77] sind generell 6 Dübel pro m² bis zu einer Flächenlast von 30 kg/m² und einer Gebäudehöhe von maximal 50 m vorzusehen. Diese Regelung gilt allerdings nur, wenn aufgrund der Qualität des Untergrundes und der Bauausführung (Sanierung bzw. bestehender Untergrund) eine Dübelung erforderlich ist.

Da die Randbereiche eines Gebäudes besonderen Windverhältnissen ausgesetzt sind, ist hier eine zusätzliche Randverdübelung anzubringen. Diese ist sowohl an den vertikalen Kanten eines Gebäudes als auch an den Dachkanten vorzusehen. Je nach Lage, Höhe und Windanfälligkeit des Gebäudes sind unter Berücksichtigung der Flächenmaße unterschiedliche Mengen an Zusatzdübeln zu setzen. Für eine Bemessung der Mindestanzahl der Dübel sind mindestens nachfolgende Kriterien zu beachten:

- Systemklasse der Durchziehkraft durch den Dämmstoff
  (1: ≥0,5 kN, 2: ≥0,4 kN und 3: ≥0,3 kN)
- Gewichtsklasse des WDVS (≤20 kg/m², ≤30 kg/m², ≤50 kg/m²)
- Basiswindgeschwindigkeit des Gebäudestandortes
- Geländekategorie
- Bauwerkshöhe
- Lage in der Fassade: Fläche bzw. Randbereich

Dübel für WDVS müssen unterschiedlichen Anforderungen genügen. Einerseits ist die Auszugsfestigkeit aus dem jeweiligen Untergrund ein Kriterium und andererseits, speziell auch in der Zulassungsleitlinie ETAG 004 [19] formuliert, die örtliche Wärmebrückenbildung von <0,002 W/K. Die für die Beschreibung der Kennwerte für Dübel zuständige Zulassungsleitlinie ETAG 014 [21] kennt Schlag- und Schraubdübel, Sonderkonstruktionen sind über ein eigenes Zulassungsverfahren und der Nutzungskategorien für eine Zulassung vorzubereiten. Die Nutzungskategorien A bis E geben an, für welchen Untergrund die Dübel geeignet und zugelassen sind. Zur Minimierung der Wärmeverluste im Dübelbereich kann auch eine Dämmstoff-Rondelle eingesetzt werden. Bei diesem Verfahren wird der Dübelteller in der Dämmstoffplatte zirka 15 mm versenkt und diese Bohrung mit einer Dämmstoff-Rondelle ausgefüllt.

Tabelle 130.3-11: Nutzungskategorien für Dübel – ÖNORM B 6124 [75]

A	Kunststoffdübel für die Verwendung in Normalbeton
B	Kunststoffdübel für die Verwendung in Vollsteinen
C	Kunststoffdübel für die Verwendung in Hohl- oder Lochsteinen
D	Kunststoffdübel für die Verwendung in haufwerksporigem Leichtbeton
E	Kunststoffdübel für die Verwendung in Porenbeton

Tabelle 130.3-12: Mindestanzahl der Dübel in der Systemklasse 1 – ÖNORM B 6400 [76]

Basiswindgeschwindigkeit $v_{b,0}$	Gewichtsklasse	Geländekategorie								
		II (offenes Land)			III (Vorstadt)			IV (Stadt)		
		Gebäudebezugshöhe [m]								
		≤10	≤25	≤35	≤10	≤25	≤35	≤10	≤25	≤35
m/s	kg/m²	Mindestanzahl der Dübel für Fläche / Rand [Stück/m²]								
≤23,2	≤20	6/6	6/6	6/6	6/6	6/6	6/6	6/6	6/6	6/6
	≤30	6/6	6/6	6/8	6/6	6/6	6/6	6/6	6/6	6/6
	≤50	6/6	6/8	6/8	6/6	6/6	6/6	6/6	6/6	6/6
≤25,1	≤20	6/6	6/8	6/8	6/6	6/6	6/8	6/6	6/6	6/6
	≤30	6/6	6/8	6/8	6/6	6/6	6/8	6/6	6/6	6/6
	≤50	6/6	6/8	6/8	6/6	6/8	6/8	6/6	6/6	6/6
≤28,3	≤20	6/8	6/8	8/10	6/6	6/8	6/8	6/6	6/6	6/6
	≤30	6/8	8/10	8/10	6/6	6/8	6/8	6/6	6/6	6/8
	≤50	6/8	8/10	8/10	6/8	6/8	8/10	6/6	6/6	6/8

Tabelle 130.3-13: Mindestanzahl der Dübel in der Systemklasse 2 – ÖNORM B 6400 [76]

Basiswindgeschwindigkeit $v_{b,0}$	Gewichtsklasse	Geländekategorie								
		II (offenes Land)			III (Vorstadt)			IV (Stadt)		
		Gebäudebezugshöhe [m]								
		≤10	≤25	≤35	≤10	≤25	≤35	≤10	≤25	≤35
m/s	kg/m²	Mindestanzahl der Dübel für Fläche / Rand [Stück/m²]								
≤23,2	≤20	6/6	6/6	6/8	6/6	6/6	6/6	6/6	6/6	6/6
	≤30	6/6	6/8	6/8	6/6	6/6	6/6	6/6	6/6	6/6
	≤50	6/6	6/8	6/8	6/6	6/6	6/8	6/6	6/6	6/6
≤25,1	≤20	6/6	6/8	6/8	6/6	6/8	6/8	6/6	6/6	6/6
	≤30	6/6	6/8	6/8	6/6	6/8	6/8	6/6	6/6	6/6
	≤50	6/8	8/8	8/10	6/6	6/8	6/8	6/6	6/6	6/6
≤28,3	≤20	6/8	8/10	8/10	6/6	6/8	8/10	6/6	6/6	6/8
	≤30	6/8	8/10	8/10	6/8	8/8	8/10	6/6	6/8	6/8
	≤50	8/8	8/10	8/12	6/8	8/10	8/10	6/6	6/8	6/8

Tabelle 130.3-14: Mindestanzahl der Dübel in der Systemklasse 3 – ÖNORM B 6400 [76]

Basiswindgeschwindigkeit $v_{b,0}$	Gewichtsklasse	Geländekategorie								
		II (offenes Land)			III (Vorstadt)			IV (Stadt)		
		Gebäudebezugshöhe [m]								
		≤10	≤25	≤35	10	≤25	≤35	≤10	≤25	≤35
m/s	kg/m²	Mindestanzahl der Dübel für Fläche / Rand [Stück/m²]								
≤23,2	≤20	6/8	8/8	8/10	6/6	6/8	6/8	6/6	6/6	6/8
	≤30	6/8	8/10	8/10	6/6	6/8	8/8	6/6	6/6	6/8
	≤50	8/8	8/10	8/10	6/8	8/8	8/10	6/6	6/8	6/8
≤25,1	≤20	6/8	8/10	8/10	6/8	8/10	8/10	6/6	6/8	6/8
	≤30	8/8	8/10	8/12	6/8	8/10	8/10	6/6	6/8	6/8
	≤50	8/10	10/12	10/12	6/8	8/10	8/10	6/8	8/8	8/8
≤28,3	≤20	8/10	10/12	10/–	8/8	8/12	10/12	6/8	6/8	8/10
	≤30	8/10	10/12	10/–	8/10	10/12	10/12	6/8	8/10	8/10
	≤50	10/12	10/–	12/–	8/10	10/12	10/–	6/8	8/10	8/10

Abbildung 130.3-06: Bauelemente eines Schlagdübels

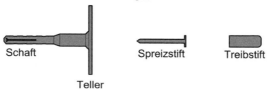

Schaft   Spreizstift   Treibstift

Teller

Abbildung 130.3-06 zeigt am Beispiel eines Schlagdübels die typischen Bauelemente. Der Metallspreizstift ist im Dübel versenkt angeordnet und der Kunststofftreibstift dient zur Vermeidung der Wärmebrücke.

Abbildung130.3-07: Einbau Systemdübel

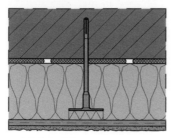 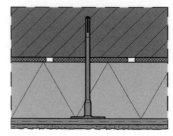

MIT RONDELLE (versenkt)   **OHNE RONDELLE (oberflächenbündig)**

130.3.4   DECKSCHICHT

Der Dämmstoff eines WDVS wird außenseitig mit einer Deckschicht versehen. Diese Deckschicht besteht aus einem Unterputz mit einer eingelegten Armierung aus Textilglasgitter und einem Oberputz.

130.3.4.1   UNTERPUTZ

Für die Verlegung der Textilglasarmierung ist es wesentlich, dass das Textilglasgewebe eine ausreichende Überlappung aufweist und dass bei Öffnungen (z. B. Fenster) in den Leibungen Textilglasstreifen eingebettet werden. Diese diagonale Armierung muss mit einer Größe von ca. 20 x 40 cm schräg aufgebracht werden und soll Spannungsrisse der Deckschicht im Eckbereich vermeiden.

Abbildung 130.3-08: Ausführung der Gewebearmierung – ÖNORM B 6410 [77]

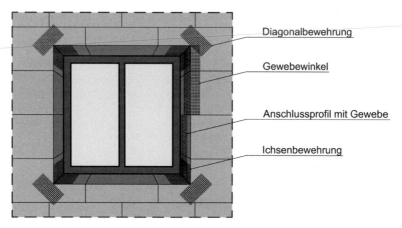

Diagonalbewehrung

Gewebewinkel

Anschlussprofil mit Gewebe

Ichsenbewehrung

Die angeklebten Platten müssen an der Fassade vor zu großer Feuchtigkeitseinwirkung und Sonneneinstrahlung geschützt werden. Der Armierungsmörtel wird wie vom Hersteller beschrieben angemischt und mit Nennmaßdicke auf die Dämmplatten aufgetragen und plangezogen. Anschließend wird das Textilglasgewebe in senkrechten oder waagerechten Bahnen mit Glätter oder Traufel faltenfrei in den frischen Mörtel eingedrückt. Die Bahnen müssen an den Stößen mindestens 10 cm überlappen. Das Gewebe muss entweder mittig oder in der oberen (äußeren) Hälfte der Unterputzschicht liegen.

An den Gebäudeecken wird das Gewebe bündig bis an die Ecken herangeführt. Für dickschichtige Oberputze (z.B. Edelkratzputz) wird der Mörtel nach dem Anziehen aufgeraut, für andere Oberputztypen rau abgerieben. Die Herstellerangaben sind jedenfalls zu beachten.

Die derzeitige Regelung der ÖNORM B 6400 [76] sieht in drei Nennschichtdicken 3mm, 5mm und 8mm vor, wobei es Anforderungen an die Mindestdicke, den Mittelwert der Unterputzschicht und die Lage des Gitters gibt.

Tabelle 130.3-15: Nennschichtdicken für Unterputze von WDVS – ÖNORM B 6410 [77]

Nenndicke [mm]	Mindestdicke [mm]	Mittelwert [mm]	Lage des Textilglasgitters
3	2	≥ 2,5	mittig
5	4	≥ 4,5	äußeres Drittel
8	5	≥ 7,0	äußeres Drittel

130.3.4.2 OBERPUTZ

Die Entwicklung der Oberputze ist geprägt durch die Verwendung von reinen Kunstharz-Reibputzen zu Beginn der Produktion von Wärmedämmverbundsystemen über die Verwendung von silikat- und silikonharzgebundenen Putzen zu mineralischen Dickputzen bzw. Sonderformen wie beispielsweise lackierten Fassaden oder Spritzfolienbeschichtungen.

Vor dem Auftragen des Oberputzes muss der Unterputz mindestens 7 Tage alt sein. Je nach Witterung und Art des Oberputzes kann die Armierungsschicht (Unterputz) vorgenässt werden (zweckmäßigerweise am Vortag). Alternativ ist bei dünnschichtigen Putzen je nach Vorgabe des Herstellers des WDVS eine Grundierung aufzutragen. Der Auftrag der Oberputze kann von Hand oder mit geeigneter Putzmaschine erfolgen.

Bei Reibputzen, dem überwiegend verwendeten System, wird eine vorgegebene Körnung durch kreisförmiges Reiben auf der Oberfläche mit einer Dicke von mindestens 1,5mm verteilt. Bei der Anwendung von Reibputzen mit einem Größtkorn >2mm ergeben sich entsprechend größere Schichtdicken.

In den letzten Jahren wurden verstärkt auch Fliesenbeläge anstelle des Oberputzes auf die Deckschicht eines WDVS aufgebracht. Mithilfe der Floated Buttering Methode kann eine frostsichere Verlegung der Fliesen vorgenommen werden. Auf das hohe Eigengewicht der Verfliesung ist zu achten; in der Regel wird eine eigene Statik für das WDVS benötigt. Bei großflächigen Fliesenapplikationen ist darüber hinaus auch die thermische Dehnung des Fliesenbelags zu beachten. Dehnfugen sind anzuordnen.

130.3.5 VERARBEITUNGSREGELN

Gemäß ÖNORM B 2259: *„Herstellung von Außenwand-Wärmedämmverbundsystemen – Werkvertragsnorm"* [53] ist vor der Ausführung der Untergrund zu prüfen auf:

- Ebenheit
- Saugfähigkeit
- Tragfähigkeit
- Untergrundfeuchtigkeit
- statisch-konstruktive Risse im Untergrund
- Gefahr der Hinternässung des fertigen WDVS

Die Kontrolle der Ebenheit der fertigen Fassade (WDVS) erfolgt gemäß ÖNORM B 2259 [53] bzw. ÖNORM B 6400 [76] mit einer Messlatte, wobei die folgenden Grenzwerte der Stichmaße einzuhalten sind.

Tabelle 130.3-16: Toleranzen der Ebenheit für Flächen mit besonderen Anforderungen

Messpunktabstände	Stichmaße als Grenzwerte in mm		
	1,0 m	2,5 m	4,0 m
Flächenfertige Wände und Unterseiten von Decken	2	3	4

Bei zu großen Abweichungen des Untergrundes von der normgemäßen Ebenheit ist der Auftraggeber für zusätzliche Maßnahmen zu kontaktieren. Es kann je nach Untergrundausführung ein Ausgleich der Toleranzen mittels zusätzlicher Dämmstofflage oder einer Mörtelschicht erfolgen.

- Lagerung des Materials
    - Dämmstoffe sind auf der Baustelle trocken und schlagregensicher zu lagern
    - Putzmaterialien, insbesondere organische Materialien, sind frostfrei zu lagern
    - augenscheinlich fehlerhafte Materialien sind auszuscheiden
- Untergrund
    - Der Untergrund muss tragfähig, ausreichend trocken und eben sein. Schmutz, Staub und lose Teile müssen vom Untergrund entfernt, Betonflächen von Trennmitteln befreit und eventuell dampfgestrahlt werden.
    - Die Ebenheit des Untergrundes muss den Anforderungen der ÖNORM DIN 18 202 „Toleranzen im Hochbau" [81] entsprechen.
    - Der Auftragnehmer sollte insbesondere dann Bedenken anmelden (Prüf- und Warnpflicht), wenn starke Verunreinigungen, Ausblühungen, zu glatte Flächen usw. vorliegen, größere Unebenheiten als nach ÖNORM DIN 18 202 zulässig vorhanden sind oder eine zu hohe Baufeuchtigkeit, z. B. als Folge von Ausbauarbeiten, vorliegt.
    - Horizontale Abdeckungen wie Fensterbänke, Dachabschlüsse, Brüstungsabdeckungen usw. müssen vor Arbeitsbeginn vorhanden sein.
    - Bewegungsfugen des Baukörpers müssen im gesamten Aufbau des Wärmedämm-Verbundsystems übernommen werden. Unabhängig hiervon sind je nach Herstellervorschriften Bewegungsfugen anzuordnen.
    - Vorstehende Beton- und Mörtelreste am Untergrund müssen entfernt werden.
    - Differenzen von +10 mm können beim Verkleben ausgeglichen werden (+20 mm beim zusätzlich gedübelten System). Unebenheiten von mehr als 10 mm (bzw. 20 mm) müssen vorher mit Klebemörtel ausgeglichen, alternativ dazu können auch Dämmstoffplatten mit einer größeren Dicke verwendet werden.
    - Ein eventuell vorhandener Altputz ist sorgfältig auf Hohlstellen zu prüfen, hohl liegender Putz ist zu entfernen, die Stellen sind auszugleichen.
    - Flächen mit tragfähigem, fest anhaftendem Anstrich bzw. mit Kunstharzputzen müssen vorbehandelt werden.

Die Ausführung der Wärmedämm-Verbundsysteme ist bei Temperaturen unter +5°C (Bauwerks-, Material- und Lufttemperatur), bei Regen (ohne Schutzmaßnahmen) und bei Unterschreitungen der Temperatur des Taupunktes an der Oberfläche (zur Vermeidung von Oberflächenkondensat) unzulässig. Ebenso ist die Herstellung der Deckschicht bei direkter Sonneneinstrahlung nicht erlaubt. Ebenschleifen bereits verklebter Dämmschichten (EPS) und das Verdübeln ist hingegen temperaturunabhängig.

Bei der Verarbeitung von Silikatputzen sind die Angaben des Herstellers bzw. des Systemhalters hinsichtlich der Verarbeitungstemperatur besonders genau zu berücksichtigen (in der Regel über +8°C). Für die Verarbeitung des gesamten Wärmedämmverbundsystems sind noch nachfolgende Punkte zu beachten:

- Verklebung und Befestigung
  - Der Klebemörtel ist auf Dämmplattenrückseite in Randwulst-Punkt-Methode mit mindestens 40% Klebekontaktfläche aufzubringen. Gegebenenfalls ist nach Herstellervorschrift ein vollflächiger Klebemörtelauftrag mittels Zahnspachtel vorzunehmen.
  - Es darf kein Klebemörtel zwischen die Dämmplattenstöße gelangen.
  - Die Dämmstoffplatten sind im Verband zu versetzen; es dürfen keine Kreuzfugen oder offenen Fugen entstehen.
  - Die Dämmstoffplatten sind an den Gebäudekanten verzahnt zu verlegen.
  - Die Verdübelung darf erst nach Abbinden des Klebemörtels erfolgen.
  - Anzahl, Anordnung und Dübeltyp sind gemäß ÖNORM B 6400 [76] zu planen und gemäß Verarbeitungsrichtlinien bzw. ÖNORM B 6410 [77] auszuwählen. Auf eine etwaige Statik bzw. Dübelanzahl, z.B. aufgrund von höheren Flächenlasten, ist zu achten.
- Unterputz
  - An Ecken und Fassadenöffnungen sind zusätzliche Gewebestreifen diagonal anordnen.
  - Kantenschutzwinkel sind vor der Unterputzaufbringung ansetzen.
  - Das Textilglasgitter darf nicht auf Dämmstoff aufliegen und muss vollständig im Unterputz eingebettet sein.
  - Das Textilglasgitter ist an den Stößen mindestens 10 cm zu überlappen.
  - Eine erhöhte Stoßfestigkeit des WDVS kann durch eine zweite Lage mit Textilglasgitter erreicht werden.
  - Nichteinsehbare Flächen, die nicht durch Abschlussprofile abgedeckt werden, sind mit einer Deckschicht-Unterputz zu versehen.
- Oberputz
  - Vor Deckputzauftragung ist in der Regel eine Grundierung erforderlich
  - In der Erhärtungs- und Trocknungsphase ist die Fassade vor Regen, direkter Sonneneinstrahlung und Wind zu schützen.
  - Es ist nass in nass und ansatzfrei zu arbeiten.
  - Der Hellbezugswert (gilt auch für Farbanstriche) ist zu beachten.

Die ÖNORM B 6410 [77] gibt die Möglichkeit einer externen Kontrolle der Ausführung des WDVS auf der Baustelle mit festgelegten Überprüfungsverfahren und deren Umfang an.

Tabelle 130.3-17: Ausführungsüberprüfungen, Qualitätssicherung – ÖNORM B 6410 [77]

Prüfgegenstand	Prüfverfahren	Umfang
angelieferte Systemkomponenten	augenscheinliche Kontrolle der Verpackung, Lieferscheine	stichprobenartig
Verlegung und Verklebung der Dämmplatten	augenscheinlich, Bilddokumentation	gesamte Fassadenfläche
zusätzliche mechanische Befestigung, Verdübelung	augenscheinlich, Bilddokumentation	gesamte Fassadenfläche
	Kontrolle der Dübel	stichprobenweise
Aufbau und Dicke des bewehrten Unterputzes	Schichtdickenmessung mittels Messschieber	1 x je Teilabschnitt

130.3.6 PLANUNGSDETAILS

Für die Herstellung von Wärmedämmverbundfassaden sind die Verarbeitungsrichtlinien des Herstellers (Systemhalters) maßgeblich. Diese Herstellerangaben sind in Abstimmung mit den Vorgaben der ÖNORM B 6400 [76] und der ÖNORM B 6410 [77] anzuwenden.

Derzeit existiert bereits eine Vielzahl an Planungs- und Leitdetails für die Ausführung von WDVS, sodass aufgrund des umfangreichen Materials in der weiteren Folge nur mehr auf die Planungsgrundprinzipien eingegangen wird.

130.3.6.1 SOCKELABSCHLUSS

Der Sockelabschluss kann mit oder ohne Profil ausgeführt werden. Ein zur Dämmstoffdicke passendes Sockelprofil wird mit Dübeln und mit Sockelverbindern montiert. Zusätzlich ist das Profil auf ganzer Länge mit Klebemörtel (besonders bei unebenen Untergründen) dicht zum Untergrund anzuschießen. Die Sockelprofile dürfen wegen der Wärmedehnung nicht pressgestoßen werden, es empfiehlt sich die Verwendung von Verbindungsstücken.

Abbildung 130.3-09: Sockelabschluss von gedämmten Flächen

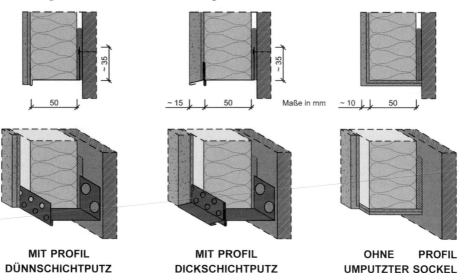

| MIT PROFIL DÜNNSCHICHTPUTZ | MIT PROFIL DICKSCHICHTPUTZ | OHNE PROFIL UMPUTZTER SOCKEL |

Ein Sockelabschluss ohne Profil (umputzter Sockel) wird mit einem Gewebe-Eckwinkel mit Klebe- und Unterputzmörtel hergestellt. Ein weiterer Eckwinkel wird auf die Dämmplatten aufgesetzt, sodass die unteren Platten U-förmig umfasst werden.

130.3.6.2 SOCKEL- UND PERIMETERDÄMMUNG

Aufgrund der höheren mechanischen und feuchtebedingten Belastungen muss der gedämmte Sockel- und Perimeterbereich mit Materialien ausgebildet werden, die diesen Ansprüchen dauerhaft genügen. Grundsätzlich gibt es verschiedene Möglichkeiten der Sockel- bzw. Perimetergestaltung:
  • Sockel gering ins Erdreich einbindend
  • Sockeldämmung wird als Perimeterdämmung weitergeführt

Falls eine erhöhte mechanische Belastung erwartet wird, kann nach ausreichender Erhärtung der ersten Armierungsschicht eine weitere Armierungsschicht aufgebracht werden. Alternativ können vor Herstellung der Armierungsschicht mineralische Bauplatten auf die Perimeter-Dämmplatten angebracht werden. Eine weitere Variante stellt das Aufkleben von keramischen Klinkerriemchen auf die Armierungsschicht dar.

Es ist jedenfalls notwendig, die Unterputzschicht im Bereich der Feuchtzone bzw. des Spritzwasserbereichs mit einer zusätzlichen Abdichtung zu schützen. Diese Abdichtungsschicht muss an die Vertikalabdichtung angeschlossen sein.

Abbildung 130.3-10: Sockelausbildung von gedämmten Flächen (bei Keller beheizt)

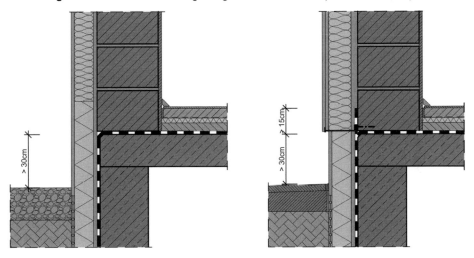

OHNE RÜCKSPRUNG   **MIT RÜCKSPRUNG**

130.3.6.3 ECKAUSBILDUNG UND PROFILE

An den Gebäude- und Fensterecken werden Eckwinkel mit dem Klebe- und Armierungsmörtel angesetzt. Zur Vermeidung von Eckrissen im Bereich von Fensterbänken, Fensterstürzen und anderen Wandöffnungen müssen für die Eckarmierung zurechtgeschnittene Eckwinkel mit dem Armierungsmörtel auf die Dämmplatten angebracht werden.

Zur Sicherung gegen Eckrisse müssen ergänzend Gewebestücke (rund 40 cm x 20 cm) diagonal in die Armierungsschicht eingebettet werden. Zusätzlich ist ein Eckwinkel innen in der Leibung anzubringen, damit auch hier eine durchgehende Armierung vorhanden ist. Der Anschluss zwischen Fensterrahmen und Putz wird optimal durch das Anbringen der Anputzleiste hergestellt.

Kantenschutzwinkel

Stabiles Profil aus Kunststoff oder Metall zur Verbesserung des Schutzes gegen mechanische Beschädigungen an Kanten und Ecken.

Schlagregensichere Anschlüsse

Ausführungen von Anschlüssen, die unter Berücksichtigung von Gebäudehöhe, Gebäudelage sowie der Windgeschwindigkeit gemäß ÖNORM EN 1991-1-4 [90] einen dauerhaften Schutz vor Hinterfeuchtung des WDVS sicherstellen. Der Begriff *„schlagregensicher"* entspricht nicht dem Begriff *„schlagregendicht"* aus der Fenstertechnik.

Abbildung 130.3-11: Kantenausbildungen in gedämmten Flächen

Grundriss   Schnitt

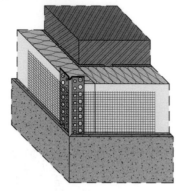

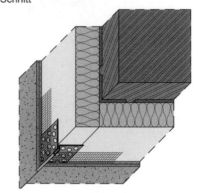

VERTIKALE KANTE   **HORIZONTALE KANTE**

130.3.6.4 ABSCHLÜSSE

Unter Abschlüssen wird gemäß ÖNORM B 6410 [77] die Anbindung des WDVS im Bereich von Fenstern, Türen, Attika und Dachabschlüssen verstanden. Grundsatz ist, dass diese Ausführung schlagregensicher zu erfolgen hat, sodass keine schadhafte Niederschlagsfeuchtigkeit hinter die WDVS-Ebene eindringen kann. Bedingt durch diese Konzeption, insbesondere im Bereich des Fensteranschlusses kann ein WDVS ohne zusätzliche Maßnahmen im Bereich von Sockel- und Dachanschluss bzw. Fensteranschluss für die Winddichtheit herangezogen werden. Dies ist insbesondere für den Bereich der Passivhäuser wesentlich.

Für den Anschluss eines WDVS im Bereich von Fenstern ist es thermisch günstig möglichst viel des Stockprofils mit Dämmstoff zu überdecken. Der äußere Anschluss des WDVS kann aber nicht als Anschluss des Fensterstockes im Sinne der ÖNORM B 5320 [72] an den Rohbau gewertet werden.

Besonderes Augenmerk ist auch auf die Ausbildung des Anschlusses der äußeren Fensterbank an das WDVS zu legen. Die Eckausbildung kann entweder durch Einsetzen der Fensterbank mit einem Hochzug und einem geeignetem elastischen Schaumstoffprofil oder mittels eines Formteils und Umbugs erfolgen (siehe Band 11: Fenster [12]).

Ein flächenbündiger Einbau von Fenstern in eine WDVS-Fassade stellt einen erhöhten Planungsaufwand dar. Da die Details von Objekt zu Objekt unterschiedlich sind wurde auf eine Regelung in der ÖNORM B 6400 verzichtet; von Seiten des Planers sind diesbezügliche Details dem Verarbeiter anzugeben.

Abbildung 130.3-12: Fensteranschluss an gedämmte Flächen – ohne Blindstock

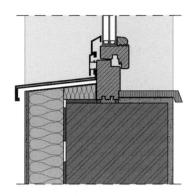
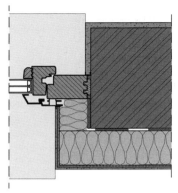

| VERTIKALSCHNITT | HORIZONTALSCHNITT |
| UNTERER ANSCHLUSS | SEITLICHER ANSCHLUSS |

Abbildung 130.3-13: Fensteranschluss an gedämmte Flächen – mit Blindstock

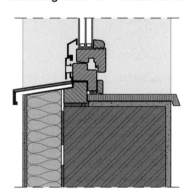
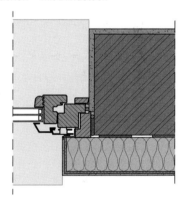

| VERTIKALSCHNITT | HORIZONTALSCHNITT |
| UNTERER ANSCHLUSS | SEITLICHER ANSCHLUSS |

130.3.6.5 FUGEN

Die Fugenausbildung bei WDVS richtet sich einerseits nach den Vorgaben des Rohbaus und andererseits nach den architektonischen Gestaltungsmöglichkeiten. Die Ausbildung von vertikalen Fassadenfugen erfolgt mittels Schlaufenprofilen, welche schuppenartig gestoßen verlegt werden.

Ein weiterer wichtiger Bereich ist die Trennung von unterschiedlichen Putzuntergründen sowohl in vertikaler wie auch in horizontaler Richtung durch den Einbau von Dehnfugenprofilen. Besonders beim Übergang von Massivkonstruktionen auf Leichtkonstruktionen (Bewegungen) sollten diese Profile eingesetzt werden.

Abbildung 130.3-14: Vertikale Dehnungsfugen in gedämmten Flächen

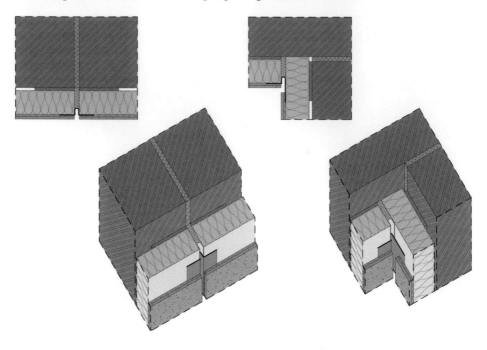

IN DER FLÄCHE   **IN DER ICHSE**

Bild 130.3-01   **Bild 130.3-02**

Bild 130.3-01: Kleberauftrag – Randwulst-Punkt-Methode

Bild 130.3-02: Kleberauftrag – Zahnspachtel

Bild 130.3-03   **Bild 130.3-04**   **Bild 130.3-05**

Bild 130.3-03: Montage des Sockelprofils

Bild 130.3-04: Plattenverlegung Fensterecken – ohne Plattenstöße

Bild 130.3-05: Dämmplatten an Ecken im Verband

Bild 130.3-06   **Bild 130.3-07**

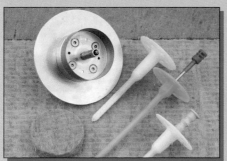

Bild 130.3-06: Schlagdübel und Rondellenfräse für Dübelmontage

Bild 130.3-07: Diagonalarmierung bei Fenstersturz

Bild 130.3-08   **Bild 130.3-09**   **Bild 130.3-10**

Bild 130.3-08: Einbau Dehnfugenprofil

Bild 130.3-09: Einspachteln Kantenprofil

Bild 130.3-10: Anputzleiste bei Fensteranschluss

Bild 130.3-11   **Bild 130.3-12**

Bild 130.3-11: Armieren des Unterputzes

Bild 130.3-12: Aufbringen Oberputz z.B. als Reibputz

Bild 130.3-13   **Bild 130.3-14**

Bild 130.3-13: Anbindung Fensterbank

Bild 130.3-14: Ausbildung Sockelbereich, Übergang zu Perimeterdämmung

130.4 LEICHTE WANDBEKLEIDUNG

Fassadenkonstruktionen mit leichten Wandbekleidungen werden aufgrund der dampfdiffusionstechnischen Vorgänge und der für die Erfüllung der bautechnischen Anforderungen notwendigen hohen Wärmedämmung meist als hinterlüftete Konstruktionen ausgeführt.

Als leichte Wandbekleidungen werden vor allem Holzwerkstoffe, Faserzementprodukte aber auch Dachziegel, Dachplatten, Metalle und Kunststoffe verwendet. Bei der Montage wird auf einer Unterkonstruktion aus Holz oder Metallprofilen die Wandbekleidung mittels Klammern, Schrauben, nichtrostenden Nägeln oder patentierten formschlüssigen Befestigungselementen montiert. Aufgrund architektonischer Erfordernisse wurden in den letzten Jahren spezielle Befestigungsmittel entwickelt, die eine verdeckte Befestigung der Wandbekleidungen ermöglichen. Dazu zählen Punktkonstruktionen mit Hinterschnittanker, verdeckte Schienensysteme oder Ähnliches. Die eigene konstruktive Befestigung der Wandbekleidung unterscheidet die Eigenschaften dieser Fassadenkonstruktionen wesentlich von den form- und kraftschlüssig applizierten Wärmedämmverbundsystemen. Am Beispiel der ÖNORM EN 13830 [116] für selbsttragende Fassadensysteme können die nachfolgenden Fassadenbauweisen beschrieben werden:

- Vorhangfassade, selbsttragend (Curtain Wall): besteht in der Regel aus vertikalen und horizontalen, miteinander verbundenen, im Baukörper verankerten und mit Ausfachungen ausgestatteten Bauteilen, die eine leichte, raumumschließende ununterbrochene Hülle bilden, die selbstständig oder in Verbindung mit dem Baukörper alle normalen Funktionen einer Außenwand erfüllt, jedoch nicht zu den lastaufnehmenden Eigenschaften des Baukörpers beiträgt.
- Vorhangfassade auf massivem Wandbildner: die ähnlich wie bei den selbsttragenden Fassaden ausgebildete Vorsatzschale wird auf einen massiven Wandbildner, z.B. Betonscheibe, Mauerwerk, aufgebracht. Die Lasten werden über die Wandscheibe abgetragen.
- Pfosten-Riegel-Konstruktion: leichtes Rahmentragwerk aus auf der Baustelle zusammengefügten Bauteilen und mit vorgefertigten undurchsichtigen und/oder durchsichtigen Ausfachungen.
- Elementbauweise: vormontierte, aus miteinander verbundenen Elementen bestehende geschoßhohe oder mehrgeschoßige Baugruppen, einschließlich Ausfachungen.
- Brüstungsbauweise: vormontierte, aus miteinander verbundenen Elementen bestehende nicht geschoßhohe Baugruppen, einschließlich Ausfachungen.

130.4.1 FASSADENGESTALTUNG

Leichte Verkleidungen von Fassaden wurden traditionell in den Materialien Holz, dünnen Steinplatten und mit Blechen ausgeführt. In archaischen Bauweisen werden auch Häute, Blätter, Stroh, Geäst, Schilf und Gras verwendet. Bautechnisch ist dabei die Schutzfunktion der tragenden Bauteile bestimmend. Ästhetisch ermöglichen es Beschaffenheit und Fügung des Bekleidungsmaterials dem Gebäude ein hüllenartiges Erscheinungsbild der Fassaden zu geben.

Architekturtheoretisch werden seit dem 19. Jhd. vielschichtige Vergleiche zu den Begriffen Wand – Gewand – Bekleidung angestellt. Die Frage nach dem Wesen und damit Ursprung von Architektur kreist um den Begriff der „Urhütte", die aus einem verkleideten Traggerüst und einer Feuerstelle beschrieben wird. Gottfried Semper (1803–1879) entwickelte in dem Aufsatz *„Die vier Elemente der Baukunst"* eine Bekleidungstheorie, die im Bereich des Elements Wand, das er als geflochtenes oder geknüpftes Gewebe definierte, als architekturtheoretische Grundlage für leichte Fassadenhüllen der Moderne gilt.

Beispiel 130.4-01: Bekleidung als Raumbildner

(1) Stroheindeckung auf Stabgerüst
(2) Holzschindelverkleidung im historischen Holzbau
(3) Jurte mit Textilbespannung auf Traggerüst
(4) Jurte Innenansicht

Beispiel 130.4-02: Bekleidung als Wandbildner

(1) Hinterlüftete Blechverkleidung mit Stehfalz
(2) Hinterlüftete Blech-Tafelverkleidung
(3) Rautendeckung
(4) Kassettenverkleidung
(5) Tafelverkleidung

Historisch betrachtet wurden meist kleine Einzelplatten regelhaft an der Tragstruktur befestigt. Typologisch können zwei Verkleidungsarten festgestellt werden:

- Eine durchgehende Bekleidungstechnik, baugleich an Wand- und Dachflächen, die einen fließenden Übergang ermöglicht und zu einer kapselartigen Erscheinungsform des Gebäudes beiträgt.
- Eine unterschiedliche Bekleidungstechnik an Wand- und Dachflächen, die den Übergang zumeist durch deutliche Dachüberstände betont und zu einer visuell und konstruktiv unterschiedlichen Ausführung beiträgt.

Zwischen der Wandkonstruktion und der Hüllschichte wird durch die Befestigungstechnik im Regelfall ein Zwischenraum notwendig, der die beiden Schichten entkoppelt, wodurch die Verkleidung als Kaltfassade anzusehen ist. Nur bei direkter Montage der Verkleidung am Wandbauteil liegt eine Warmfassade vor.

Heutige Gebäudeplanung setzt leichte Bekleidungen im Regelfall als vorgehängte, hinterlüftete Fassaden (VHF) ein. Die Fugenteilungen der Verkleidungselemente übernehmen dabei einen wesentlichen Anteil am ästhetischen Gesamterscheinungsbild der Fassaden. Man nutzt bei dieser Bauweise die bauphysikalischen und technologischen Vorteile einer Spezialisierung der einzelnen Schichten in Außenhaut, Luftschichte und innenliegender Dämm- und Tragschichte. Schwere Plattenmaterialien mit vergleichsweiser großer Schichtstärke (Naturstein, Kunststein, Metallgusselemente etc.) bilden den typologischen Unterschied zu leichten Hüllmaterialien (z.B. Holzschalungen, Blechverkleidungen, dünnwandige Plattenverkleidungsmaterialien, Bespannungen).

Beispiel 130.4-03: Bekleidung als Wandbildner

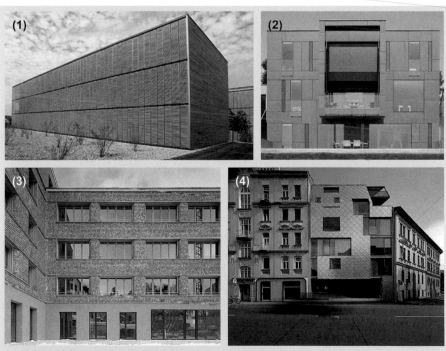

(1) Holzverkleidung mit materialgleichem Sonnenschutz
(2) Mineralische Plattenverkleidung
(3) Kleinschindelverkleidung in Holz
(4) Metallverkleidung in Rautendeckung

Die Planungs- und Ausführungsflexibilität von leichten Wandverkleidungen eröffnet diesem Fassadentyp ein weites Einsatzgebiet, vom Industrie- bis zum Wohnbau. Die zumeist rasche Herstellung, Demontage, Adaptierung und Wiedermontage der leichten Plattenelemente begünstigen sowohl ökonomische wie ökologische Ansprüche. Nachrüstung von Dämmstoffschichten kann ohne großen Massenaustausch bewältigt werden. Neben dem rein bauphysikalisch sinnvollen und minimierten Hinterlüftungszwischenraum der Kaltwandkonstruktion lassen sich durch eine gezielte Entkoppelung der bewitterten Verkleidungshülle von der raumabschließenden Wandkonstruktion Zwischenräume von architektonischem Gehalt schaffen, die eine Raumschichtung mit differenzierten Nutzungsszenarien der Gebäudehülle ermöglichen. Bei den ästhetischen Überlegungen sind die Materialeigenschaften, die Oberflächenbeschaffenheit, die Farbwirkung, der Alterungsprozess und die Fügungstechnik der Hüllschichte von maßgeblicher Bedeutung. Dabei ist eine grundsätzliche Differenzierung der Optik zwischen Deckmaterialien, deren Oberfläche optisch witterungsstabil ist (Metalle mit Schutzbeschichtungen und Kunststoffverbundmaterialien), und Werkstoffen, die unter Bewitterung einen Veränderungsprozess ihres Erscheinungsbilds durchmachen (Holzwerkstoffe, blanke Metalle), zu unterscheiden.

Beispiel 130.4-04: Bekleidung als Wandbildner

(1) Verkleidungen bewitterungsabhängig
(2) Verkleidungen bewitterungsunabhängig

130.4.2 ANFORDERUNGEN

Aufgrund der Besonderheiten der bauphysikalischen Anforderungen sind hinterlüftete Fassaden bis ins Detail zu planen. Folgende Parameter sind bei der Planung zu berücksichtigen:

- Art des Untergrundes (für die Befestigung)
- Eigengewicht und Eigenschaften der Wandbekleidung
- Führung der Entwässerung (Schlagregen)
- Berücksichtigung der materialspezifischen thermischen und hygrischen Längenänderungen
- Zu- und Entlüftungsöffnungen
- Angaben zur Pflege und Wartung der Fassade
- Fugenteilung (Elementgröße, Fugenraster, Dehnfugen usw.)

Die Fugenbreite muss mindestens 8 mm betragen, wobei Produktions- und Montagetoleranzen von ±20 % üblicherweise möglich sind. Ab einer Spaltbreite von 10 mm sind Lüftungsgitter einzuplanen.

Tabelle 130.4-01: Anforderungen an Vorhangfassaden – ÖNORM EN 13830 [116]

Anforderung	Erläuterung
Widerstand gegen Windkraft	Vorhangfassaden müssen ausreichend stabil sein, um bei einer Prüfung nach EN 12179 [98] sowohl den positiven als auch den negativen, der Planung für die Gebrauchstauglichkeit zu Grunde liegenden Windkräften zu widerstehen. Sie müssen über die dafür vorgesehenen Befestigungselemente die der Planung zu Grunde liegenden Windkräfte sicher auf das Gebäudetragwerk übertragen. Unter den der Planung zu Grunde liegenden Windkräften darf bei einer Messung nach EN 13116 [103] zwischen den Auflage- bzw. Verankerungspunkten des Gebäudetragwerkes die maximale frontale Durchbiegung der einzelnen Teile des Vorhangfassadenrahmens L/200 bzw. 15 mm nicht überschreiten, je nachdem, welches der kleinere Wert ist.
Eigenlast	Vorhangfassaden müssen ihr Eigengewicht und alle in der Originalplanung erfassten zusätzlichen Anschlüsse tragen. Sie müssen das Gewicht über die dafür vorgesehenen Befestigungselemente sicher auf das Gebäudetragwerk übertragen. Die Eigenlast ist nach EN 1991-1-1 [89] zu bestimmen. Die maximale Durchbiegung jeglicher horizontaler Primärbalken durch Vertikallasten darf L/500 bzw. 3 mm nicht überschreiten, je nachdem, welches der kleinere Wert ist.
Stoßfestigkeit	Falls ausdrücklich gefordert, sind Prüfungen nach EN 12600 durchzuführen. Die Ergebnisse sind nach EN 14019 [120] zu klassifizieren. Glasprodukte müssen EN 12600 [100] entsprechen.
Luftdurch-lässigkeit	Die Luftdurchlässigkeit ist nach EN 12153 [95] zu prüfen. Die Ergebnisse sind nach EN 12152 [94] darzustellen.
Schlagregen-dichtheit	Die Schlagregendichtheit ist nach EN 12155 [97] zu prüfen. Die Ergebnisse sind nach EN 12154 [96] darzustellen.
Luftschall-dämmung	Falls ausdrücklich gefordert, ist das Schalldämmmaß durch Prüfung nach EN ISO 140-3 [122] zu bestimmen. Die Prüfergebnisse sind nach EN ISO 717-1 [123] zu bestimmen.
Wärmedurchgang	Die Verfahren zur Bewertung/Berechnung des Wärmedurchgangs von Vorhangfassaden und die geeigneten Prüfverfahren sind in EN 13947 [119] festgelegt.
Feuerwiderstand	Falls ausdrücklich gefordert, ist der Feuerwiderstand nach EN 13501-2 [115] zu klassifizieren.
Brandverhalten	Falls ausdrücklich gefordert, ist das Brandverhalten nach EN 13501-1 [112] zu klassifizieren.
Brandausbreitung	Falls ausdrücklich gefordert, sind in der Vorhangfassade entsprechende Vorrichtungen vorzusehen, die die Ausbreitung von Feuer und Rauch durch Öffnungen in der Vorhangfassadenkonstruktion an den Anschlüssen auf allen Ebenen mittels konstruktiver Bodenplatten verhindern.
Dauerhaftigkeit	Die Dauerhaftigkeit der Leistungsmerkmale der Vorhangfassade wird nicht geprüft, sondern bezieht sich auf die erreichte Übereinstimmung der verwendeten Werkstoffe und Oberflächen mit dem neuesten Stand der Technik, oder, soweit diese vorliegen, mit den Europäischen Technischen Spezifikationen für den Werkstoff oder die Oberfläche. Der Hersteller muss Empfehlungen hinsichtlich der Anforderungen an die Wartung der fertiggestellten Vorhangfassade geben.
Wasserdampf-durchlässigkeit	Es sind Dampfsperren nach der entsprechenden Europäischen Norm zur Kontrolle der im Gebäude vorliegenden festgelegten hydrothermischen Bedingungen vorzusehen.
Potenzial-ausgleich	Wenn konkret erforderlich, sind die metallischen Teile der Vorhangfassade mechanisch miteinander und mit dem Gebäudetragwerk zu verbinden, um einen Potenzialausgleich und eine Verbindung zur Erdung des Gebäudes vorzunehmen. Diese Anforderung gilt für alle Vorhangfassaden auf Metallbasis bei einer Montage an Gebäuden mit über 25 m Höhe. Der elektrische Widerstand der Vorhangfassadenverbindung darf bei Prüfung 10 Ω nicht überschreiten.
Erdbeben-sicherheit	Wenn konkret erforderlich, ist die Erdbebensicherheit entsprechend den Technischen Spezifikationen oder anderen am Anwendungsort geltenden Festlegungen zu bestimmen.
Temperaturwech-selbeständigkeit	Falls Beständigkeit des Glases gegenüber Temperaturwechsel gefordert wird, ist ein geeignetes Glas, z.B. gehärtetes oder vorgespanntes Glas, nach entsprechenden Europäischen Normen zu verwenden.
Gebäude- und thermische Bewegungen	Die Konstruktion der Vorhangfassade muss in der Lage sein, thermische Bewegungen und Bewegungen des Baukörpers so aufzunehmen, dass es zu keinen Zerstörungen von Elementen der Fassade oder Beeinträchtigung der Leistungsanforderungen kommt. Der Ausschreiber muss die von der Vorhangfassade aufzunehmenden Gebäudebewegungen, einschließlich der Bewegungen in den Gebäudefugen, spezifizieren.
Widerstand gegen dynamische Horizontalkräfte	Die Vorhangfassade muss dynamische Horizontallasten in Höhe des Brüstungsriegels nach EN 1991-1-1 [89] aufnehmen können. Die jeweilige Höhe (Höhe des Brüstungsriegels) der Lastaufbringung variiert entsprechend den nationalen gesetzlichen Festlegungen.

Leichte Wandbekleidungen in selbsttragender Bauweise (Curtain Wall) benötigen auf Basis einer Systemprüfung eine CE-Kennzeichnung. Die Eigenschaften die im Rahmen der Systemprüfung festgelegt werden sind der Baustoffkennzeichnung (CE-Kennzeichnung) zu entnehmen. Das für die leichten Wandbekleidungen zugehörige Regelwerk ÖNORM EN 13830 [116] gibt die Mindestkennzeichnungen vor. Speziell zu planen sind auch die Anschlüsse der Bauelemente im Sinne der ÖNORM B 5320 [72].

Für hinterlüftete und nichthinterlüftete Fassadenbekleidungen auf tragenden Wandscheiben gelten für den Nachweis der Eigenschaften die Regelungen der Zulassungsleitlinie ETAG 034 [22][23], eine CE-Kennzeichnung auf Basis einer europäisch-technischen Bewertung ist erforderlich.

Die bauphysikalischen Vorgaben von leichten Wandbekleidungen werden über die OIB Richtlinien geregelt. Dem Brandschutz kommt aufgrund der Gefahr des Brandüberschlags und der Brandweiterleitung besondere Bedeutung zu. Die Tabelle 130.1-06 enthält die Anforderungen an hinterlüftete Fassadensysteme.

130.4.3   AUFBAU UND FUNKTIONSWEISE HINTERLÜFTETER FASSADEN

Der Aufbau und die Funktionsweise einer hinterlüfteten Fassade mit einer leichten Wandbekleidung ist in der DIN 18516-1 [44] umfassend beschrieben. Dieser Teil der Norm legt Anforderungen und Prüfungsgrundsätze fest.

Abbildung 130.4-01: Funktionsweise hinterlüftete Fassade mit leichter Wandbekleidung [134]

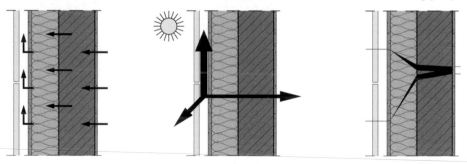

| WASSERDAMPFDIFFUSION IM WINTER | SOMMERLICHER WÄRMESCHUTZ | TEMPERATURVERLAUF SOMMER/WINTER |

Feuchtigkeit kann einerseits über Diffusionsvorgänge des Wandbildners in den Dämmstoff gelangen und andererseits über die Fugenteilung, die in der Regel offen ausgeführt wird, in die Konstruktion eintreten. Wesentlich ist, dass die Feuchtigkeit aus dem Dämmstoff abtransportiert wird und es zu keiner Kondensatbildung kommt. Dafür verantwortlich sind auch die geometrische Form des Hinterlüftungsquerschnitts und die Einhaltung eines Mindestmaßes von 20 mm.

Der Wärmeschutz einer hinterlüfteten Fassade hängt von der Dämmstoffart und der eingesetzten Dämmstoffdicke sowie vom Schutz des Dämmstoffes ab. Die Unterkonstruktionen für die Befestigung der Fassadenbekleidungen können aufgrund der speziell ausgelegten Konsolenkonstruktionen über einen weiten Bereich der Dämmstoffdicke angepasst werden, sodass auch große Dämmstoffdicken, wie sie für Niedrigstenergie- und Passivhäuser benötigt werden, eingebaut werden können. Ein Vorteil speziell bei einem massiven Wandbild ist die Tatsache, dass auch die Speicherfunktion mitgenutzt werden kann. Entscheidend aber ist, dass der Dämmstoff hinsichtlich Durchfeuchtung und Durchströmung mit einer speziellen Abdeckung geschützt wird.

Der Witterungsschutz, insbesondere der Schutz vor Schlagregen, ist eines der Hauptthemen für Fassaden. Durch den mehrschaligen Aufbau von hinterlüfteten Fassaden kann nicht nur Kondensat sehr gut abgeführt werden, sondern auch Feuchtigkeit, die hinter die Ebene der Wandbekleidung tritt. Die DIN 4108-3 [39] teilt die Fassadenkonstruktionen in Beanspruchungsgruppen ein und die hinterlüftete Fassade gilt mit der Beanspruchungsgruppe III als schlagregendicht. Eindringende Feuchtigkeit oder Niederschlagsfeuchtigkeit kann an der Rückseite der Wandbekleidung ablaufen und somit nicht in den Dämmstoff eindringen und eine schädliche Durchfeuchtung hervorrufen. Es ist daher aber notwendig, dass eine spezielle Fugenausbildung für einen Druckausgleich angeordnet wird und dass die Konsolenkonstruktionen spezielle Ausformungen für den Ablauf von eindringender Niederschlagsfeuchtigkeit aufweisen. Die folgende Abbildung zeigt schematisch den geschätzten Anteil an eindringender Niederschlagsfeuchtigkeit bei üblichen geometrischen Ausbildungen der Fugen und des Belüftungsspaltes. Diese Grafik gilt im Wesentlichen für europäisch kontinentales Klima.

Abbildung 130.4-02: Niederschlagsfeuchtigkeit bei unterschiedlicher Fugenausbildung [134]

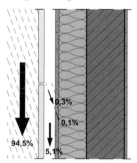

PLATTENFORMAT:	600 x 600 mm	600 x 600 mm
BELÜFTUNGSSPALT:	60 mm	100 mm
HORIZONTALFUGE:	OFFEN 8 mm	OFFEN 8 mm
VERTIKALFUGE:	GESCHLOSSEN	OFFEN 8 mm

Eng verbunden mit der Thematik der Schlagregendichtheit ist naturgemäß der Feuchte- und Tauwasserschutz. Durch den mehrschaligen Aufbau wird ein von innen nach außen abnehmender Dampfdiffusionswiderstand des Wandaufbaues erreicht. Die Nutzungsfeuchte aber auch in der Anfangsphase eine erhöhte Baufeuchte wird über den Hinterlüftungsraum abgeführt, die Dämmstoffschicht kann mit bautechnischer Sicherheit trocken gehalten werden.

Der Blitzschutz ist insbesondere durch eine Metallunterkonstruktion, aber auch durch die Metallfassaden für diese Bauteilkonstruktionen wesentlich. Durch Verwendung von Metallunterkonstruktionen können unter gewissen Umständen übliche Blitzableitungen entfallen und eine elektromagnetische Schirmung des Gebäudes hergestellt werden. Es sind jedoch dafür besondere Einrichtungen und Planungen notwendig.

In Abhängigkeit des Wandaufbaues können Dämmstoffe, in der Regel Mineralwolle-Dämmstoffe, bei entsprechender Planung der Fugen das Schalldämmmaß der Wandkonstruktion um rund 10 bis 12 dB erhöhen.

130.4.4   UNTERKONSTRUKTIONEN

Die Unterkonstruktion dient zur Befestigung der Wandbekleidungen und muss eine tragfähige Verbindung zwischen Wandbekleidung und Untergrund sicherstellen können. Sie muss einerseits das Eigengewicht der Wandbekleidung ableiten und andererseits auch den zusätzlichen Beanspruchungen, in der Regel Windbelastungen, standhalten können.

Im Bereich der Unterkonstruktion können eine Wärmedämmung und eine Hinterlüftung des gesamten Wandaufbaues situiert werden. Bei der Anordnung von vertikalen und horizontalen Lattungen ist besonders auf die Möglichkeit der Luftführung einer Hinterlüftung zu achten. Eine funktionsfähige Hinterlüftung setzt aber auch entsprechende Zuluft- und Abluftöffnungen an den horizontalen Abschlüssen der Fassade sowie im Bereich von Fenstereinbauten voraus.

Erst eine funktionsfähige Hinterlüftung macht eine leichte Wandbekleidung zu einer hinterlüfteten Fassade. Diese funktionsfähige Hinterlüftung muss den Feuchtetransport gewährleisten, aber auch Wärmeverluste durch Hinterspülung von Wärmedämmung mit kalter Luft vermeiden. Die Feuchtigkeit darf im Dämmstoff nicht aufgenommen werden, da dies zu einem massiven Verlust der wärmedämmenden Eigenschaften und zu einer weiteren Erhöhung der Baufeuchte führt. Beginnend mit einer Korrosion der Konstruktion der Befestigungsmittel, kann dies auch zu massiven Bauschäden bis hin zur Bildung von Schimmelpilzen und Ähnlichem führen.

Für den Bau von hinterlüfteten Fassadenkonstruktionen hat sich ein Mindestabstand der Fassadenbekleidungen von der Außenwand bzw. von der Dämmstoffebene von 20 mm (besser mindestens 30 mm) und einem Be- und Entlüftungsquerschnitt von jeweils mindestens 200 cm^2 je Laufmeter bewährt. Die Zu- und Abluftöffnungen am unteren und am oberen Anschluss der Wandbekleidung müssen mindestens 50 cm^2 pro Laufmeter aufweisen. Allfällige Abdeckgitter, die den Lüftungsquerschnitt reduzieren, sind dabei zu berücksichtigen. Bei Holzkonstruktionen ist wegen der erhöhten Verschmutzungsgefahr ein freier Mindestquerschnitt der Zu- und Abluftöffnungen von mindestens 150 cm^2 pro Laufmeter einzuhalten.

Eine Reihe von normativen Regelungen wie beispielsweise die DIN 18516 [44] sowie auch die Planungsgrundsätze für vorgehängte und hinterlüftete Fassaden des Verbandes der österreichischen hinterlüfteten Fassaden (ÖFHF) [134] haben sich als brauchbar erwiesen.

Abbildung 130.4-03: klassische Unterkonstruktionen

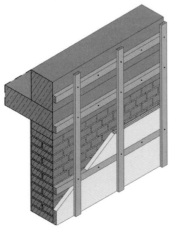

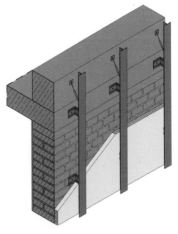

HOLZUNTERKONSTRUKTION   **METALLUNTERKONSTRUKTION**

130.4.4.1   MATERIALIEN UNTERKONSTUKTION

Für die Unterkonstruktionen werden in der Regel Holz- und/oder Metallprofile verwendet. Für die Holzbauteile gelten die Regelungen der ÖNORM B 2215 [52]. Es sind vorgetrocknete Konstruktionshölzer für die tragenden Bauteile bzw. vorgetrocknete oder verleimte Hölzer für die Konterlatten zu verwenden. Als Einbaufeuchtigkeit wird eine Feuchtigkeit von < 15 % gefordert. Auf konstruktiven Holzschutz ist besonders Wert zu legen und sicherzustellen, dass bei Schlagregenbelastung kein stehendes Wasser im Bereich der Konstruktion verbleiben kann. Für Klebeverbindungen darf nur gehobeltes und nicht behandeltes Holz verwendet werden.

Für die Metallunterkonstruktionen gelten ebenfalls besondere Anforderungen, bei besonderen Umweltbeanspruchungen sind eigene Werkstoffe gemäß den Herstellerangaben zu verwenden.

- nichtrostende Stähle nach ÖNORM EN 10088-1 bis ÖNORM EN 10088-3. Werkstoffnummern 1.4301, 1.4541, 1.4401, 1.4404, 1.4571
- Aluminium nach DIN 4113-1 und ÖNORM EN 485-2, AlMn 1, AlMnCu, AlMn 1Mg 0,5, AlMn 1 Mg1, AlMg 1, AlMg 1,5 und AlMg 2,5 für Dicken unter 1,6 mm mit einem Korrosionsschutz nach Abschnitt 10 von DIN 4113-1 : 1980-05
- Stahlsorten nach ÖNORM EN 10025 mit einem Korrosionsschutz nach Tabelle A.1 von ÖNORM EN ISO 12944-5 : 1998-07, Beschichtungssystem Nr. S1.21, S1.34, S1.15, S1.21, S1.28 und S1.34. Für andere Korrosionsschutzsysteme ist ein Eignungsnachweis vorzulegen.

130.4.4.2   VERANKERUNGS- UND BEFESTIGUNGSELEMENTE

Die Unterkonstruktion, die in der Regel aus einer Holzlattung oder einer Metallkonstruktion besteht, muss auf dem Untergrund oder den Tragprofilen der Wandscheibe befestigt werden. Dazu dienen mechanische Befestigungssysteme mittels Dübel- oder Direktmontagekonstruktionen (Schussbolzen etc.).

Für den Ausgleich der Toleranzen der Rohbauwand (nach ÖNORM DIN 18202 [81]) werden in der Unterkonstruktion Distanzierungsmöglichkeiten eingebaut. Bei Holzunterkonstruktionen wird vielfach auf eine klassische Distanzierung mittels Holzunterlagen oder Doppelkeilsystemen zurückgegriffen, bei Metallunterkonstruktionen haben sich verstellbare Winkelprofile bewährt. Das Winkelprofil wird an der Rohbauwand versetzt, mithilfe eines Klemmteils und Schrauben zur Fixierung wird die vordere Ebene eingestellt und die Metallunterkonstruktion befestigt.

Für die einfache Distanzierung der vertikalen Schienen für die Unterkonstruktion wurden eigens geformte Winkelkonstruktionen entwickelt, zeigt einen typischen am Markt befindlichen Vertreter für einen distanzierbaren Fassaden-Befestigungswinkel.

Abbildung 130.4-04: distanzierbare Fassaden-Befestigungswinkel

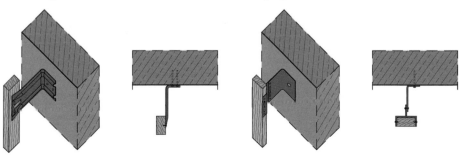

Für die Bemessung des Fassadensystems ist grundsätzlich ein Standsicherheits-nachweis erforderlich, der alle einwirkenden Kräfte berücksichtigt (siehe 130.1.5.6). Für Gebäude der Gebäudeklasse 1 und 2 darf der Standsicherheitsnachweis auf Basis einer objektbezogenen Bemessung durch den Hersteller der Unterkonstruktion in vereinfachter Form erbracht werden. Für Objekte in besonders exponierten Lagen ist dies aber nicht zulässig.

Die Unterkonstruktionen sind in der Regel form- und kraftschlüssig mit dem Unter-grund zu verbinden. Die folgenden Materialien dürfen für die Verankerungselemente verwendet werden:

- nichtrostende Stähle nach ÖNORM EN 10088-1 bis ÖNORM EN 10088-3, Werkstoffnummern 1.4401, 1.4404, 1.4571.
- Kunststoffdübel mit Schrauben aus verzinktem Stahl, wenn diese vom Herstel-ler für die Verwendung freigegeben sind und der Kontakt zwischen Schrau-benkopf und Unterkonstruktion verhindert wird (z. B.: Rahmendübel mit Kunst-stoffkragen am Dübel oder Kunststoffscheibe).

Für die Verbindung der Elemente sind ebenfalls eigene Werkstoffvorgaben einzuhal-ten; folgende Materialanforderungen gelten:

- nichtrostende Stähle der Widerstandsklasse 2 oder höher, 1.4301 (A2)
- Aluminium nach DIN 4113-1, ÖNORM EN 573-3 und ÖNORM EN 573-4,
- Kupfer nach DIN EN 12163, DIN EN 12164, DIN EN 121665 und DIN EN 12166
- SF-CU Werkstoffnummer 2.0090
- CuZn37 Werkstoffnummer 2.0321
- CuZn36Pb1,5 Werkstoffnummer 2.0331 und
- CuNi1,5Si Werkstoffnummer 2.0835

Einen Sonderfall stellen die Klebesysteme dar. Sie dürfen nur nach „Europäischer Technischer Bewertung" (vormals Zulassung) oder Herstellervorgaben verwendet werden.

130.4.4.3 DÄMMSTOFFE

Grundsätzlich sind für hinterlüftete Fassaden nicht brennbare Dämmstoffe wie bei-spielsweise Mineralwolle, Schaumglas oder Leichtbetonplatten zu verwenden. Mithil-fe von Unterdeckbahnen oder Flieskaschierungen muss die Dämmschicht gegen Durchströmen kalter Luft abgedeckt werden. Diese Windbremsen sind besonders bei Mineralwolle zwingend anzuwenden, da andernfalls die wärmedämmenden Eigen-schaften der Mineralwolle massiv verringert werden. Werden offene Fugen ausgebil-det, ist eine durchgehend UV-stabilisierte Windbremse zu empfehlen.

Das zweischichtige System der vorgehängten hinterlüfteten Fassade trennt konse-quent die Funktionen Witterungsschutz und Dämmung. Üblich bei vorgehängten hinterlüfteten Fassaden ist der Einsatz mineralischer Dämmstoffe der Wärmeleitfähig-keitsgruppen 035 oder 032 für jede Gebäudehöhe und -nutzung. Anforderungen aus der Energieeinsparverordnung werden ohne weiteres erfüllt, denn systembedingt ist der Einbau von jeder geforderten Dämmstoffdicke möglich. Eine nachträgliche Erhö-hung der Dicke ist unter bestimmten Voraussetzungen ebenfalls realisierbar.

Gemäß ÖNORM B 6000 [73] und der ÖNORM B 3806 [70] dürfen folgende Dämm-stoffe verwendet werden (auf die Typbezeichnungen gemäß ÖNORM B 6000 [73] ist hinzuweisen):

- Gebundene Mineralwolle MW
- Schaumglas CG
- gebundene Holzwolle WW

Für andere Dämmstoffe gelten die Herstellerangaben und die OIB-Richtlinien. Die Dämmstoffe sind mit diffusionsoffenen Unterdeckbahnen gemäß ÖNORM B 3661 [63], Typen UD do-s oder DU do-k als Windbremse zu versehen. Spezielle Sorgfalt ist im Sockelbereich anzuwenden, hier dürfen nur feuchteunempfindliche Dämmstoffe eingesetzt werden.

130.4.5 MATERIALIEN FÜR DIE WANDBEKLEIDUNG

Typische Materialien für leichte Wandbekleidungen sind Holz und Holzwerkstoffe, Metalle, Keramik, aber auch Glas. Je nach Werkstoff werden spezielle Unterkonstruktionen sowie besondere Ausbildungen der An- und Abschlüsse erforderlich.

130.4.5.1 HOLZ UND HOLZWERKSTOFFE

Leichte Wandbekleidungen mit Holz als Werkstoff haben bereits eine sehr lange Tradition. Ausgehend von der klassischen Schindelfassade hat sich in den letzten 100 Jahren eine Reihe von unterschiedlichen Typen ausgebildet. Schindelfassaden können, meist im urbanen Raum, mit einem deckenden Anstrich versehen sein, oder wie im ländlichen Raum üblich, unbehandelt und frei bewittert ausgeführt werden.

Mit der Verwendung von Profilhölzern wurden bereits früh die klassischen Brettschalungen modifiziert und ausgehend von der einfachen Brettschalung mit Abdeckleistungen bzw. auch der Stülpschalungen weiterentwickelt. Je nach Ausrichtung der Brettrichtung – vertikal oder horizontal – gibt es unterschiedliche konstruktive Lösungen zur Ableitung des Schlagregens. Während bei vertikaler Montage der Lamellen Abdeckprofile für die quell- und schwindbedingten Fugen notwendig sind, kann dies durch Überdecken der Stöße bei horizontaler Montage der Lamellen erfolgen. Werden die Fassadenlamellen horizontal befestigt, spricht man auch von der Klinkerbauweise.

Abbildung 130.4-05: Aufgedoppelte Schalungen

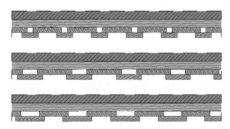 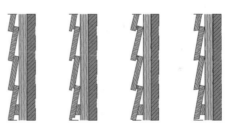

VERTIKALE AUSRICHTUNG   HORIZONTALE AUSRICHTUNG

Abbildung 130.4-06: Gespundete Schalungen

VERTIKALE AUSRICHTUNG   HORIZONTALE AUSRICHTUNG

Speziell für hinterlüftete Fassaden mit Anstrichsystemen hat sich eine Modifikation des unteren Abschlusses der Fassadenlamellen durch Einbau eines horizontalen Ableitprofiles zur Verhinderung von Abrinnspuren und Fassadenverschmutzungen bewährt.

Die in dargestellten Holzarten sind für den deutschen Sprachraum typisch und können für die Anwendung an der Fassade grundsätzlich als geeignet angesehen werden, die natürliche Dauerhaftigkeit gegenüber zerstörenden Pilzen und Insekten ist dabei mit einer Bewertung dargestellt.

Tabelle 130.4-02: typische Holzarten für Fassadenbekleidungen

Holzart	Anmerkung	Holzzerstörende Pilze Braun-/Weißfäule	Tierische Schädlinge Hausbock	Poch-/Werftkäfer
Douglasie	–	3–4	anfällig	anfällig
Fichte	Reagiert träge auf Befeuchtung	4	anfällig	anfällig
Kiefer	harzhaltig	3–4	anfällig	anfällig
Lärche	harzhaltig	3–4	anfällig	anfällig
Weißtanne	Reagiert träge auf Befeuchtung	4	Kernholz anfällig	Kernholz anfällig
Eiche	Holzinhaltsstoffe wirken korrosiv	2	dauerhaft	anfällig
1 = sehr dauerhaft	5 = nicht dauerhaft			

Für Massivholzbekleidung werden auch thermisch behandelte oder druckimprägnierte Hölzer verwendet. Die Qualitätsmerkmale an Brettware sind in zusammengefasst, qualitative Sichtung und Auswahl der Brettware sind jedoch für die Dauerhaftigkeit der gesamten Fassade entscheidend.

Tabelle 130.4-03: Qualitätsmerkmale von Brettware

Holzfehler	beschichtetes Holz	unbeschichtetes Holz
Astigkeit	Flügelast bis max. 1/4 der Brettbreite, eingewachsene, lose und ausgefallene Äste, Rindeneinwuchs nicht zulässig	
Ausbesserungen mit Ast- oder Stirnholzdübeln	teilweise zulässig	nicht zulässig
Harzgallen	bedingt zulässig	nicht zulässig
Mark	nicht zulässig	
Pilz- und Insektenbefall	nicht zulässig	
Druckholz	bis 20 % des Querschnittes bzw. der Oberfläche zulässig	

Der bauliche Holzschutz darf aber auch bei der Planung und Ausgestaltung der Fassade nicht vergessen werden. Die wesentlichsten Regeln sind:

- Kanten brechen (Radius >2,5 mm), waagrecht verbautes Holz abschrägen
- maximale Brettbreiten 200 mm senkrecht und 150 mm waagrecht
- stehende Jahrringe bevorzugen
- Dicke der Bretter maximal 20 mm
- bewitterte horizontale Holzflächen vermeiden
- Holzausgleichsfeuchtigkeit muss zur Vermeidung von Pilzbefall auch im Bestand dauerhaft unter 18 M-% liegen
- Abtropf- und Austrocknungsmöglichkeiten vorsehen
- das Hirnholz ist vor Feuchteeintritt zu schützen
- ausreichende Dachüberstände vorsehen
- Spritzwasserbereich (etwa 30 cm) bei Sockel und Gesimsen beachten

Für Fassadenbekleidungen werden auch Holzwerkstoffe verwendet. Ohne qualitativ hochstehenden Oberflächenschutz ist deren Haltbarkeit häufig nur von kurzer Dauer.

Dreischichtige Massivholzplatte

Grundvoraussetzung sind eine wetterfeste Verleimung von Deck- und Mittellage und eine vom Hersteller vorgegebene Oberflächenbehandlung. Die der Witterung ausgesetzten Schmalfugen müssen durch einen speziellen Kantenschutz (Anstrichaufbau) geschützt werden. Die untere Plattenschmalfläche muss eine Hinterschneidung von mindestens 15° aufweisen, um Wasser abtropfen zu lassen. Horizontale Stöße sind ohne Abdeckung nicht empfehlenswert.

Sperrholzplatte

Sperrholz soll, wenn überhaupt nur im beschichteten Zustand als Fassadenbaustoff eingesetzt werden, da es auch beschichtet unter Witterungseinfluss zu Oberflächenrissen neigt. Deshalb dürfen nur hochwertige Sperrholzplatten mit abgestimmter Oberflächenbehandlung zum Einsatz kommen. Um eine Kontrolle und Pflege der Kanten zu gewährleisten, muss die Fugenausbildung mindestens 10 mm betragen.

Bei beschichteten Fassadenhölzern ist deren Wartung wesentlich für die Dauerhaftigkeit. Die Intervalle der Wartung (=Instandhaltung) und Renovierung (=Instandsetzung) von Holzfassaden bzw. deren Beschichtungen sind in Abhängigkeit von der Oberflächenbehandlung zu sehen.

Tabelle 130.4-04: Wartungsintervalle von Holzfassaden [133]

Art	Farbe	Lage	Intervall	Wartung	Renovierung
unbehandelt	–	geschützt	–	–	Fassadenteile ersetzen
		exponiert	–		
Imprägnierlasur Dünnschichtlasur	hell	geschützt	3 Jahre	Entfernen von Schmutz und losen Teilen durch Abbürsten oder mit Hochdruckreiniger abwaschen, vollflächiger Anstrich mit Dünnschichtlasur	Entfernen von Schmutz und losen Teilen durch Abbürsten oder mit Hochdruckreiniger abwaschen, vollflächiger Anstrich mit Dünnschichtlasur
		exponiert	1–2 Jahre		
	dunkel	geschützt	3–4 Jahre		
		exponiert	2 Jahre		
Mittelschichtlasur	hell	geschützt	5 Jahre	Kontrolle der Oberflächen auf Fehlstellen, kräftiges Anschleifen des Altanstriches, vollflächiger Anstrich mit Mittelschichtlasur	Vollflächiges Abschleifen des Altanstriches, Schleifen der Holzoberflächen, bläuewidrige Grundierung, vollflächiger Anstrich mit Mittelschichtlasur oder Decklack
		exponiert	2 Jahre		
	dunkel	geschützt	6–7 Jahre		
		exponiert	3 Jahre		
deckender Anstrich	hell	geschützt	15 Jahre	Kontrolle der Oberflächen auf Fehlstellen, kräftiges Anschleifen des Altanstriches, vollflächiger Anstrich mit Decklack	Entfernen schlecht haftender Altanstriche, Schleifen freiliegender Holzoberflächen, Anschleifen gut haftender Altanstriche, bläuewidrige Grundierung freiliegender Holzoberflächen, vollflächiger Anstrich mit Decklack
		exponiert	10 Jahre		
	dunkel	geschützt	10–12 Jahre		
		exponiert	8 Jahre		

130.4.5.2 FASERZEMENTPLATTEN

Die leichte Wandbekleidung mit Faserzementplatten hat sich aus der klassischen Holzschindelfassade und der Dachanwendung entwickelt. Wie bei den Dachdeckungen kann auch bei den leichten Fassadenbekleidungen zwischen Einfach- und Doppeldeckungen zur Erzielung einer entsprechenden Regensicherheit unterschieden werden, bzw. können entweder Faserzementplatten als Schindel oder aber auch in Klein- und Großtafelbauweise verwendet werden.

Abbildung 130.4-07: Faserzementplatten – Wandbekleidung in Einfachdeckung

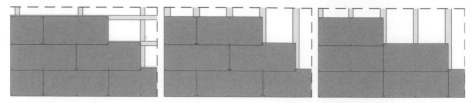

Abbildung 130.4-08: Faserzementplatten – Wandbekleidung in Doppeldeckung

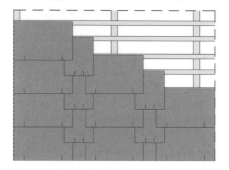
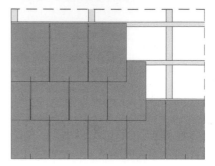

Abbildung 130.4-09: Faserzementplatten – Schindeldeckungen

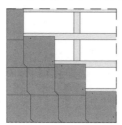
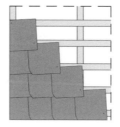
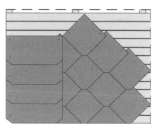

Kleintafel

Die kleinformatigen Fassadenplatten haben sich aus den Schindeln weiterentwickelt, typische Tafelgrößen beginnen bei 600 mm x 200 mm und können bis 1200 mm x 460 mm groß ausgeführt werden. Kleinformatige Tafeln haben gemäß ÖNORM EN 12467 [99] eine Fläche von < 0,4 m². Bei der Montage muss die Fugenbreite mindestens der Dicke des Plattenmaterials entsprechen und ist auf Holz- und Aluminium-Unterkonstruktion mit kunststoffbeschichteten Alu-Blechprofilen oder mit Aluminium-Fugenband gemäß den Herstellervorschriften auszubilden. Die Plattenkanten müssen abgefast werden.

Welleternit

In Variante zu den Welleternit-Profilen, die für das Dach eingesetzt werden, können auch eigene Welltafeln für den Fassadenbereich eingesetzt werden. Diese Platten können jedenfalls auf Stahl- oder Aluminium-Unterkonstruktion befestigt werden. Auch für diese Ausführungsart sind eigene Befestigungsabstände einzurichten. Die Befestigung erfolgt nach den Vorgaben der ÖNORM B 3419 [62]. Die Materialdicke für die Wellplatten gemäß ÖNORM EN 494 [86] liegt in der Regel bei 6 mm bei einer Nutzgröße von maximal 3000 mm x 890 mm.

130.4.5.3 DACHZIEGEL, DACHPLATTEN

Die Verwendung von Dachziegeln oder Dachplatten für die vertikale Wand hat sich aus der konstruktiven Ausbildung der Dachhaut entwickelt. Die entsprechenden Vorschriften gemäß Brand-, Wärme- und Schallschutz für Wände sind jedoch zu beachten, da diese unterschiedliche Anforderungen gegenüber der Dachhaut aufweisen. Hinsichtlich der Montage werden die Dachziegel und Dachplatten auf Holzunterkonstruktionen befestigt, vergleichbar mit jenen von Faserzementkleintafeln.

130.4.5.4 METALLFASSADEN

Metallfassaden können entweder aus Stahlblech feuerverzinkt, emailliert, kunststoffüberzogen, pulverbeschichtet oder gestrichen, aus Edelstahlblechen, Aluminium, Kupfer, Messing oder Bronze hergestellt werden. Emaillierte Stahlpaneele werden rückseitig mit Kalziumsilikat-Platten zur Aussteifung versehen und weisen eine hohe Kratz- und Witterungsbeständigkeit auf.

Die Tafeln oder Bleche (sidings) sind auf Tragrippen, Klemm- oder Distanzprofilen montiert. Die einzelnen Blechprofile werden für eine einfache Befestigung und für eine Ableitung von Schlagregen mit einem Klemmprofil versehen.

Abbildung 130.4-10: Profilbleche aus Aluminium und Stahl [130][128][132]

Baubreiten: 915 bis 1035mm	Blechstärke [mm]	
	Aluminium	Stahl
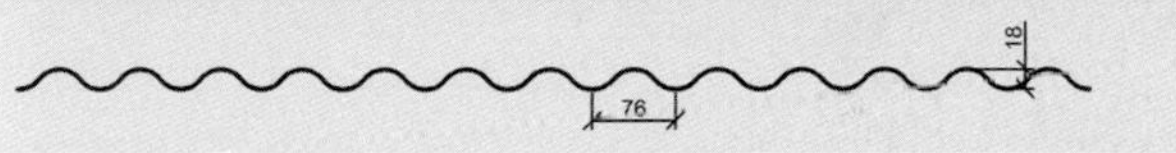	0,50 0,70	0,50 0,63 0,75
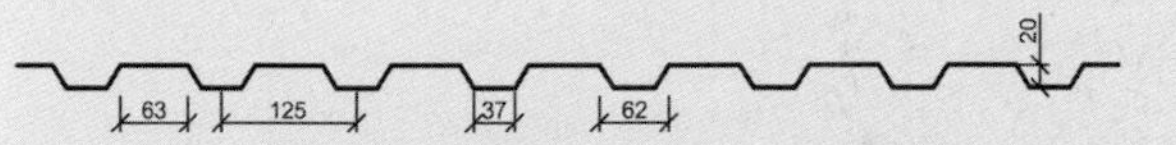	0,35 0,50 bis 1,00	0,50
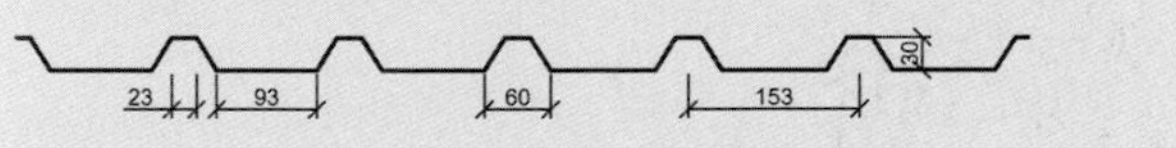	0,50 0,60 bis 1,00	0,50
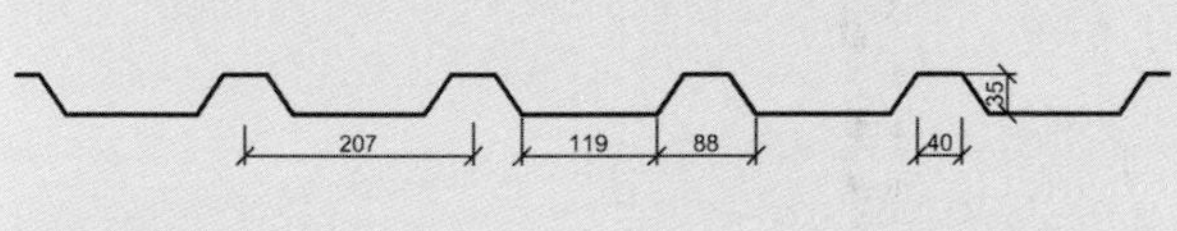	0,50 0,60 0,70 bis 1,00	0,50 0,63 0,75 bis 1,00
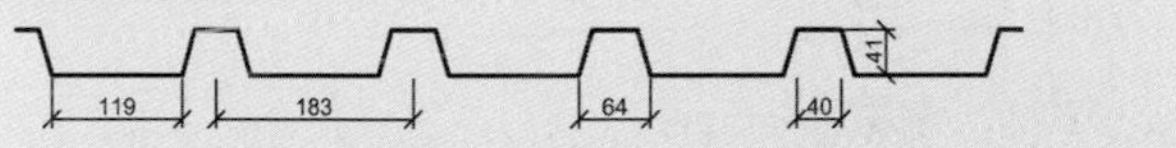	0,50 bis 1,00	0,60 bis 1,00
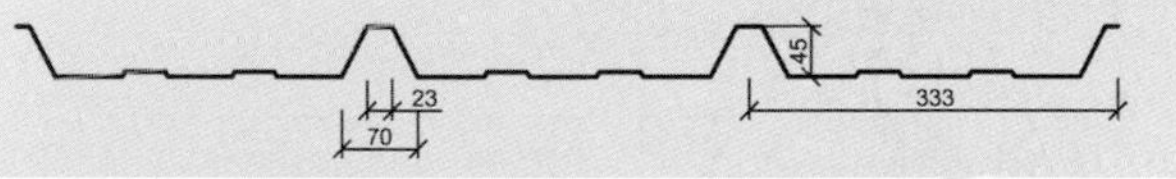	0,50 bis 1,00	0,60 bis 1,00
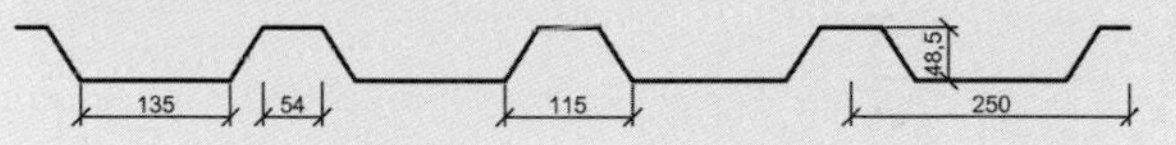	0,50 bis 1,00	0,60 bis 1,00

Als Verbundplatten, bestehend aus zwei Aluminium-Deckblechen mit einem Kunststoffkern (Polyethylen) oder mineralischem Kern, ist das Produkt ALUCOBOND® derzeit am Markt. Die Plattenstärken betragen 3mm oder 4mm, die Bahnenbreiten variieren von 1,00m bis zu 1,75m bei Bahnenlängen von bis zu 6,80m. Die einzelnen Platten oder Kassetten sind auf der Unterkonstruktion eingehängt, geschraubt, geklebt oder genietet befestigt.

Abbildung 130.4-11: Beispiele für Montage ALUCOBOND® [124]

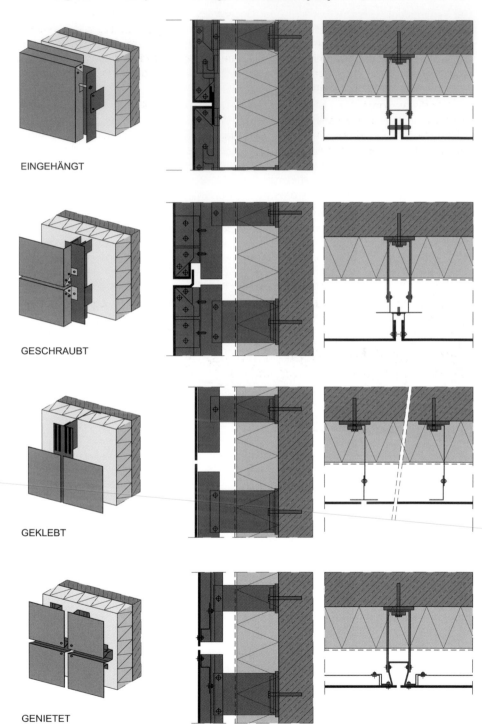

EINGEHÄNGT

GESCHRAUBT

GEKLEBT

GENIETET

130.4.5.5   KUNSTSTOFFPLATTEN (HPL-PLATTEN)

Für den Fassadenbereich wurden eigene Hochdruckschichtplatten mit einer Melamin-harzdeckschicht entwickelt. Diese Platten bestehen aus gleichmäßig mit Kunstharz beschichteten Papierbahnen, die unter Hochdruck bei gleichzeitiger Hitze verpresst werden (High Pressure Laminate; HPL-Platten). Dieser Werkstoff ist unempfindlich gegenüber Stößen und witterungsbeständig, trotzdem kann die Verarbeitung mit üblichen Tischlerwerkzeugen erfolgen.

Die Oberflächengestaltung ist durch die Laminiertechnik vielfältig; es können bedruckte und färbige Papiere verwendet werden. In einer Spezialanwendung kann auch Edelfurnier als Oberfläche ausgeführt werden. Für den Fassadenbereich werden vielfach auch HPL-Platten mit einer Aluminium-Folie auf der Rückseite produziert. Die ÖNORM EN 438-6 [84] regelt die Anforderungen an die Fassadenplatten. Von der Klassifikation her werden üblicherweise die Typen HPL/EN 438-6/EDF verwendet. Das F steht für eine Ausrüstung mit Flammschutz.

Ähnlich wie Faserzement-Tafeln muss bei der Befestigung auch auf Gleit- und Fix-punkte geachtet werden. Die Montage der Platten erfolgt analog den Faserzement-Platten mithilfe von Bohrungen, Nieten oder Schrauben. Die Plattendicken können, je nach statischen Anforderungen, zwischen 6 mm und 10 mm liegen.

Beispiel 130.4-05: Beispielmontage Eckausbildungen (FunderMax GmbH) [126]

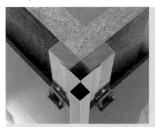 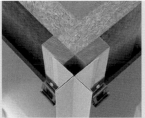 

Bild 130.4-01

Bild 130.4-02

Bild 130.4-01: Holzschindelfassade

Bild 130.4-02: Brettschalung – horizontal gegliedert

Bild 130.4-03

Bild 130.4-04

Bilder 130.4-03 und 04: Wandbekleidung mit Faserzementplatten

Bild 130.4-05

Bild 130.4-06

Bild 130.4-07

Bild 130.4-05: Fassadenbekleidung mit Faserzementplatten

Bild 130.4-06: Fassadenbekleidung mit Wellplatten

Bild 130.4-07: Fassadenbekleidung mit Faserzementplatten

Bild 130.4-08   **Bild 130.4-09**

Bilder 130.4-08 und 09: Alucobond-Fassade

Bild 130.4-010   **Bild 130.4-11**   **Bild 130.4-12**

Bild 130.4-10: Detail Metallfassadenbekleidung mit Wellblechen

Bild 130.4-11: Montage Unterkonstruktion leichte Wandbekleidung

Bild 130.4-12: Montage Metall-Lamellen-Fassade

Bild 130.4-13   **Bild 130.4-14**

Bilder 130.4-13 und 14: Wandbekleidung mit HPL-Platten

BAUKONSTRUKTIONEN
Kernkompetenz im Hochbau in 17 Bänden

Die Lehrbuchreihe „Baukonstruktionen" stellt mit ihren 17 Bänden eine Zusammenfassung des derzeitigen technischen Wissens über die Errichtung von Bauwerken im Hochbau dar.

Die Autoren orientieren sich an den Bedürfnissen der Studenten: Sie bieten raschen Zugriff, didaktische Gliederung und schnelle Verwertbarkeit des Inhalts. Ein Vorteil, der auch jungen Professionals gefallen wird.

In einfachen Zusammenhängen werden komplexe Bereiche des Bauwesens dargestellt. Faustformeln, Pläne, Skizzen und Bilder veranschaulichen Prinzipien und Details. Ergänzend zu den Basisbänden sind weitere Vertiefungs- und Sonderbände für spezielle Anwendungen geplant und in Vorbereitung.

Einzelbände und Erweiterungsbände € 29,50 (A) | € 28,70 (D)

Bauphysik
A. Pech, C. Pöhn
2004. 159 S. 450 z. T. farb. Abb. Geb. Band 1
ISBN 978-3-99043-019-4

Bauphysik
Erweiterung 1: Energieeinsparung
und Wärmeschutz. Energieausweis –
Gesamtenergieeffizienz
C. Pöhn, A. Pech, T. Bednar, W. Streicher
2012. 230 Seiten, 18 Abb. Geb. Band 1/1.
ISBN 978-3-99043-278-5

Tragwerke
A. Pech, A. Kolbitsch, F. Zach
2008. 164 S. Zahlr., z. T. farb. Abb. Geb. Band 2
ISBN 978-3-99043-082-8

Gründungen
A. Pech, E. Würger
2005. 144 S. Zahlr., z. T. farb. Abb. Geb. Band 3
ISBN 978-3-99043-020-0

Wände
A. Pech, A. Kolbitsch
2005. 162 S. Zahlr., z. T. farb. Abb. Geb. Band 4
ISBN 978-3-99043-021-7

Decken
A. Pech, A. Kolbitsch, F. Zach
2006. 181 S. Zahlr., z. T. farb. Abb. Geb. Band 5
ISBN 978-3-99043-044-6

Keller
A. Pech, A. Kolbitsch
2006. 150 S. Zahlr., z. T. farb. Abb. Geb. Band 6
ISBN 978-3-99043-028-6

Dachstühle
A. Pech, K. Hollinsky
2005. 144 S. Zahlr., z. T. farb. Abb. Geb. Band 7
ISBN 978-3-99043-029-3

Steildach
A. Pech, A. Kolbitsch, K. Hollinsky
2015. Etwa 145 S. Zahlr., z. T. farb. Abb. Geb. Band 8
ISBN 978-3-99043-110-8
Erscheint April 2015

Flachdach
A. Pech, A. Kolbitsch, F. Zach
2011. 145 S. Zahlr., z. T. farb. Abb. Geb. Band 9
ISBN 978-3-99043-111-5

Treppen / Stiegen
A. Pech, A. Kolbitsch
2005. 153 S. Zahlr., z. T. farb. Abb. Geb. Band 10
ISBN 978-3-99043-022-4

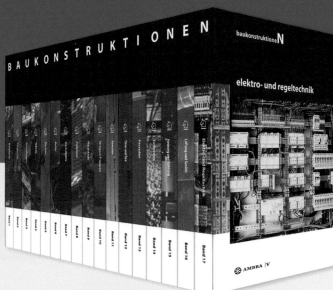

Fenster
A. Pech, G. Pommer, J. Zeininger
2005. 160 S. Zahlr., z. T. farb. Abb. Geb. Band 11
ISBN 978-3-99043-023-1

Türen und Tore
A. Pech, G. Pommer, J. Zeininger
2007. 166 S. Zahlr., z. T. farb. Abb. Geb. Band 12
ISBN 978-3-99043-030-9

Fassaden
A. Pech, G. Pommer, J. Zeininger
2014. 174 S. Zahlr., z. T. farb. Abb. Geb. Band 13
ISBN 978-3-99043-086-6

Fußböden
A. Pech, G. Pommer, F. Zach
2015. Etwa 145 S. Zahlr., z. T. farb. Abb. Geb. Bd. 14.
ISBN 978-3-99043-112-2
Erscheint September 2015

Heizung und Kühlung
A. Pech, K. Jens
2005. 152 S. Zahlr., z. T. farb. Abb. Geb. Band 15
ISBN 978-3-99043-024-8

Lüftung und Sanitär
A. Pech, K. Jens
2006. 167 S. Zahlr., z. T. farb. Abb. Geb. Band 16
ISBN 978-3-99043-045-3

Elektro- und Regeltechnik
A. Pech, K. Jens
2007. 159 S. Zahlr., z. T. farb. Abb. Geb. Band 17
ISBN 978-3-99043-084-2

SONDERBÄNDE

Parkhäuser – Garagen
A. Pech, G. Warmuth, K. Jens, J. Zeininger
2., überarb. Aufl. 2009. 468 S. Zahlr. farb. Abb. Geb.
ISBN 978-3-99043-280-8
€ 99,50 (A) | 96,79 (D)

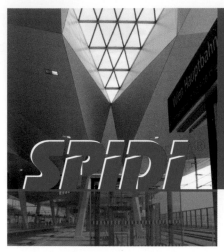

130.5 MASSIVE WANDBEKLEIDUNGEN

Schwere Verkleidungen sind historisch gesehen im Gegensatz zum Begriff der „Gewandung" als „Panzerung" bzw. „Blendung" mit dem Symbolgehalt einer „blenden Rüstung" zu verstehen. Technologisch wird dem Mauerwerk des Gebäudes eine weitere, meist edlere Schichte an Material vorgeblendet. Im Regelfall fußt diese Technik im ökonomischen Einsatz der Baustoffe und des Bearbeitungsgrads. Dabei werden wertvollere, dauerhaftere Materialschichten als Verblendung der Mauern eingesetzt. Es ist sinnfällig, dass diese Verblendungen nur an jenen Gebäudeteilen eingesetzt wurden, für die eine „blendende Wirkung" gegenüber der Öffentlichkeit von Bedeutung waren.

Beispiel 130.5-01: Historische Wandverkleidungen

(1) Historische Steinverkleidung Renaissance Florenz, I
(2) Steinverkleidung Klassizismus 1816–18 F. Schinkel

Im Massivbau wurden, historisch gesehen, diese massiven Blendkonstruktionen überwiegend als statisch wirksame Verbundkonstruktionen innig mit der Mauerkonstruktion verzahnt und mit gemauert. Mit zunehmendem technischen Knowhow verringerten sich die Schichtstärken der Verblendungen und verloren dabei zunehmend die mittragende Funktion. Technologisch ist eine Entwicklung von eigenen vorgesetzten Verblendungsschalen, der Blendfassade, (bei gemeinsamer Fundierung mit der tragenden Wandkonstruktion) hin zu einzelnen Verblendungselementen, die über 3-dimensional justierbare Befestigungssysteme unabhängig direkt an der Wandkonstruktion befestigt werden, festzustellen. Parallel dazu gewinnen diese Befestigungstechniken hochbaulich an Bedeutung, was sich in einer laufenden Qualitätssteigerung der Befestigungspunkte und in einer Vielzahl von patentierten Systemlösungen niederschlägt.

Beispiel 130.5-02: Rahmenwerkverkleidungen

(1) Carson Pirie Scott Store 1899–1904 L. Sullivan Chicago, USA
(2) RelianceBuilding D. Burnham Chicago, USA

Im architektonischen Ausdruck schwerer Verkleidung ist ebenfalls im Zuge der technologischen Entwicklung ein Wandel festzustellen. War ursprünglich die Lesbarkeit der Fassadenverblendung nicht erwünscht und die Illusion der tektonischen Einheit von Wand und Verkleidung architektonisches Ziel, ist mit der Entwicklung der vorgehängten Fassadensysteme in schwerer Ausführung auch eine bewusste Stärkung des Eindrucks der Hängung der Elemente und damit eines antitektonischen Schwebezustands zum architektonischen Kalkül geworden. Die offene Fugenbildung und das bewusste Zeigen der vorgehängten Schichtung des Fassadenaufbaus in Nischen- und Eckausbildungen werden dazu genutzt.

Beispiel 130.5-03: Fassadenverkleidungen

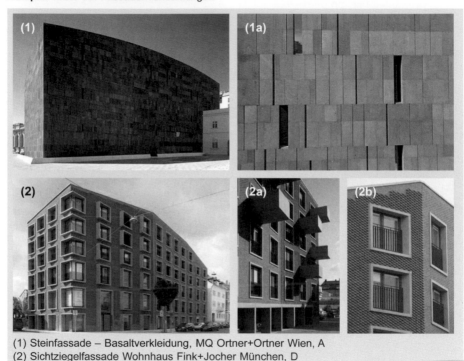

(1) Steinfassade – Basaltverkleidung, MQ Ortner+Ortner Wien, A
(2) Sichtziegelfassade Wohnhaus Fink+Jocher München, D

130.5.1 ANGEMÖRTELTE BEKLEIDUNGEN

Angemörtelte Fassadenbekleidungen werden heute, aufgrund der Anforderungen an den Wärmeschutz nur mehr in Sonderfällen oder in Teilbereichen (z. B. Sockelbereich) hergestellt. Diese massiven Wandbekleidungen an einschaligen Außenwänden ohne Hinterlüftung sind dann angemörtelt oder angemauert und stehen mit dem Untergrund in kraftschlüssigem Verbund. Durch die in der Regel unterschiedlichen Materialeigenschaften von Bekleidung und Untergrund und die unterschiedlichen thermischen, feuchtigkeitstechnischen und statischen Beanspruchungen muss eine Abstimmung und gegebenenfalls eine entsprechende Fugenteilung vorgesehen werden. Fliesenlegerarbeiten (auch an Wänden) werden in Band 14: Fußböden [11] näher behandelt.

Art und Größe der verwendeten Fliesen und Platten werden beispielsweise in der DIN 18515-1: Außenwandbekleidungen – Teil 1: Angemörtelte Fliesen oder Platten [43] beschrieben. Für die Materialien ist mindestens eine Frostbeständigkeit, im Sockelbereich oft auch eine Frost-Tausalz-Beständigkeit zu fordern.

Materialien:
*   keramische Fliesen
*   keramische Spaltplatten und Platten
*   Spaltziegelplatten
*   Naturwerksteinplatten
*   Betonwerksteinplatten

Anforderungen zu den Abmessungen:
*   maximale Plattengröße 0,12 m² (ab 0,10 m² ist eine Verankerung erforderlich)
*   maximale Seitenlänge 40 cm
*   maximale Dicke 1,5 cm (Ist die Dicke größer als 1,5 cm und kleiner als 3 cm, dürfen die Fliesen oder Platten nicht mehr als 1,5 kg/Stück wiegen, bei Platten mit profilierter Rückseite, ist die Plattendicke auf insgesamt 2 cm begrenzt.)

Hinsichtlich der Ausführung können drei Varianten der Verbindung der Materialien mit dem Untergrund unterschieden werden, wobei immer auf eine möglichst hohlraumfreie Verlegemethode zu achten ist:
*   Verlegung im Dünnbett (Buttering-Floating-Verfahren)
*   Verlegung im Dickbett (praktisch keine Anwendung mehr)
*   Verlegung auf Wärmedämmungen

Abbildung 130.5-01: Wände mit angemörtelten Bekleidungen [2]

 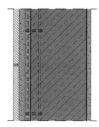 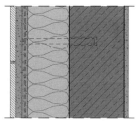

IM DÜNNBETT MIT UNTERPUTZ (UNBEWEHRT)	IM DICKBETT MIT UNTERPUTZ (BEWEHRT)	IM DÜNNBETT AUF WÄRMEDÄMMUNG

Die ÖNORM B 3346 [57] gibt als Anforderung sowohl für den Sockelbereich als auch für die aufgehende Wand Regelungen für die Einlagen- und Mehrlagenputze. Speziell für den verfliesten Bereich stellt auch eine ÖAP-Richtlinie mögliche Putzmörtelklassen gemäß ÖNORM EN 998-1 [88] zusammen. Wesentlich ist, dass Sanierputzsysteme keinesfalls mit einer zusätzlichen mineralischen Bekleidung versehen werden dürfen.

Als Basis erfolgt in den meisten Fällen eine Untergrundvorbehandlung des Mauerwerks mit einem Spritzbewurf. In Sonderfällen kann der Putzgrund mit einer Armierung versehen werden. Diese Armierung besteht in der Regel aus einem Putzträger gemäß ÖNORM B 3346 [57].

Da die angemörtelten Materialien eine wesentlich höhere thermische Dehnung aufweisen als der jeweilige Untergrund, sind sowohl die Fugen zwischen den einzelnen Platten wie auch zusätzliche Dehnfugen alle 3 bis 6 m einzubauen. Bewegungsfugen im Untergrund müssen auch in der Bekleidung vorhanden sein. Die Fugenbreiten zwischen den einzelnen Platten sind sowohl format- wie auch materialabhängig als Richtwerte gelten beispielsweise:

*   Keramische Fliesen   3 bis 8 mm
*   Keramische Spaltplatten   4 bis 10 mm
*   Spaltziegelplatten   10 bis 12 mm

Abbildung 130.5-02: Fugen in angemörtelten Bekleidungen [3]

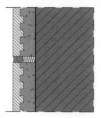 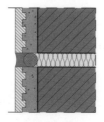 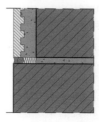 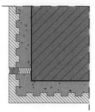

130.5.2   MAUERWERKSYSTEME

Bei der Verwendung von Mauerwerksystemen, speziell bei Sichtmauerwerk, ist neben der Tragfähigkeit auch noch die Dauerhaftigkeit zu berücksichtigen. Die ÖNORM EN 1996-2 [92] kennt dafür fünf Mikroumweltbedingungen, die als Basis für die richtige Materialwahl (Mauerstein, Mörtel und Verankerung) dienen.

- MX1 – in trockener Umgebung
- MX2 – Feuchte oder Durchnässung ausgesetzt
- MX3 – Feuchte oder Durchnässung und Frost-Tau-Wechseln ausgesetzt
- MX4 – der Einwirkung von salzhaltiger Luft oder Meerwasser ausgesetzt
- MX5 – in einer Umgebung mit stark angreifenden Chemikalien

Für die Ausbildung von Fugen sind die Grundsätze der ÖNORM EN 1996-2 [92] zu beachten: *„Um den Auswirkungen von Wärme- und Feuchtedehnung, Kriechen und Durchbiegung und den möglichen Auswirkungen von durch senkrechte oder seitliche Belastung verursachten internen Spannungen Rechnung zu tragen, sollten senkrechte und waagerechte Dehnungsfugen vorgesehen werden, damit das Mauerwerk nicht beschädigt wird."* Bei der Festlegung der Abstände zwischen den vertikalen Fugen sollten die Maximalwerte der Tabelle 130.5-01 nicht überschritten werden. Für den Abstand der ersten senkrechten Fuge zu einer verformungsbehinderten Wandecke gelten die halben Werte.

Tabelle 130.5-01: Maximale horizontale Abstände zwischen senkrechten Dehnungsfugen – ÖNORM EN 1996-2 [92]

Art des Mauerwerks	Dehnfugenabstand [m]
Ziegelmauerwerk	12
Kalksandsteinmauerwerk	8
Mauerwerk aus Beton (mit Zuschlägen) und Betonwerksteinen	6
Porenbetonmauerwerk	6
Natursteinmauerwerk	12

Für die Festlegung der Abstände zwischen waagerechten Dehnungsfugen in unbewehrten Verblendschalen oder in der unbewehrten, nichttragenden Außenschale einer zweischaligen Wand ist auf die Art und die Anordnung des Verankerungssystems Rücksicht zu nehmen. Fugen werden üblicherweise alle zwei Geschoße angeordnet, sollten aber auch keinen größeren Abstand als die vertikalen Fugenteilungen besitzen.

Die Verankerung der, an der Außenseite liegenden Mauerwerksschale, unabhängig davon, ob es sich um eine angemörtelte Bekleidung oder eine zweite Schale handelt, ist nach den Bestimmungen der ÖNORM EN 845-1 [87] (siehe Band 4: Wände [8], Kapitel 040.2.7) auszuführen und zu dimensionieren.

130.5.2.1   SICHTMAUERWERK

Die angemauerte Bekleidung beispielsweise in Form eines Sichtmauerwerks entspricht eigentlich bereits einem zweischaligen Wandaufbau, bei dem die Schalenfuge mit Mörtel verfüllt ist. Als Materialien können Riemchen oder Verblendsteine mit Dicken von 30–70 mm zur Ausführung kommen. Die kraftschlüssige Verbindung erfolgt über nichtrostende Drahtanker und Konsolanker.

Abbildung 130.5-03: Sichtmauerwerk angemauert [2]

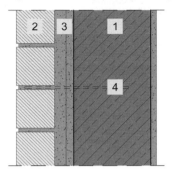
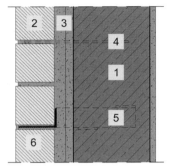

1	TRAGENDE WAND	4	HORIZONTALANKER
2	SICHTMAUERWERK	5	KONSOLANKER
3	AUSGLEICHSPUTZ	6	ELASTISCHE FUGE

130.5.2.2   ZWEISCHALIGES MAUERWERK, VORMAUERUNG

Bei der zweischaligen Ausführung kann konstruktiv unterschieden werden, ob die Vorsatzschale auch zur Aussteifung der tragenden Wand mitberücksichtigt wird oder ob es sich um nur um eine Fassadenbekleidung handelt.

Der mehrschalige Konstruktionsaufbau ermöglicht im Vergleich zu angemauerten Bekleidungen das Zwischenschalten von Luft- und Dämmschichten. In der Vormauerung sind dann Lüftungsschlitze anzuordnen die für eine optimale Hinterlüftung und den Abtransport von Wasserdampf aus dem Bauwerksinneren sorgen. Im Sockelbereich sollte für eventuell eingedrungenes Wasser (Schlagregen) eine Abflussmöglichkeit geschaffen werden. Hinsichtlich der Ausbildung von Dehnungsfugen gelten ebenfalls die Grundsätze der ÖNORM EN 1996-2 [92], eine Abtragung der vertikalen Kräfte kann dabei über Konsolanker oder thermisch getrennte Betonbauteile (z.B. mittels Isokorb) erfolgen.

Abbildung 130.5-04: Zweischaliges Mauerwerk

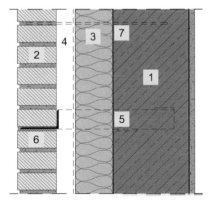
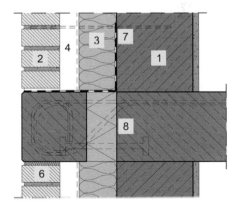

1	TRAGENDE WAND	5	KONSOLANKER
2	VORMAUERUNG	6	ELASTISCHE FUGE
3	WÄRMEDÄMMUNG	7	HORIZONTALANKER
4	WINDSICHERUNG	8	THERMISCHES TRENNELEMENT

130.5.3 NATURSTEINFASSADEN

Natursteinfassaden werden meist als vorgehängte, nicht selbsttragende Fassadenplatten bei einem mehrschichtigen Wandaufbau ausgebildet. Die Vorsatzschale kann
sich dabei auf der Innen- wie auch der Außenseite einer Wand befinden. In den
meisten Fällen ist sie jedoch ein Bestandteil der Außenhülle eines Gebäudes und
erfüllt damit auch gleichzeitig architektonische und bauphysikalische Aufgaben.

Die Fassaden bestehen aus Einzelplatten, die an den Ankern durch Dorne oder Hinterschnittanker gehalten werden. Zum Versetzen der Fassadenplatten ist ab einer
gewissen Höhe eine Gerüstung erforderlich.

Die Fassadenplatten sind entsprechend ihrer Größe und der Horizontalbeanspru-
chung auf die Lastaufnahme in der Verankerung (Ankerdorn, Hinterschnittdübel) und
die Biegezugfestigkeit des Natursteines zu bemessen. Für die Wahl des Verankerungssystems ist schon während der Planungsphase eine Vielzahl von Kriterien zu
beachten:

- Art des Verankerungsgrundes (Mauerwerk, Beton)
- Tragfähigkeit bei Mauerwerk
- Bewehrungsgrad bei Beton
- Zulässigkeit nachträglicher Dübel im Beton
- Betonzug- oder Druckzone
- Einbaumöglichkeit von Verankerungsschienen
- Kraftschlüssiger Verbund von Fertigteilen
- mögliche Gerüstung für Montage
- Montage im Winter oder Sommer
- Größe der Rohbaumaßtoleranzen
- Berücksichtigung von Sonderlastfällen (Erdbeben, Stoßlasten, dynamische
  Kräfte)
- zwängungsfreie Lagerung der Fassadenplatten
- Demontierbarkeit einzelner Platten

Unregelmäßigkeiten von Natursteinen sind nach ÖNORM B 2213 [51] und B 7213
[78] zulässig, soweit diese als Eigenart der Steine anzusehen sind. Bei farblich stark
schwankendem Naturstein ist die Bandbreite der Farbschwankungen durch entsprechende Steinmuster festzulegen. Adern, Stiche, Risse, Tongallen, Kohleeinsprengun-
gen etc. sind so weit zulässig, als sie die Festigkeit des Werkstückes und das architektonische Gesamtbild nicht ungünstig beeinflussen.

Tabelle 130.5-02: Richtzahlen für Wichte, Druckfestigkeit und Biegezugfestigkeit von Natursteinen – ÖNORM B 7213 [78]

Gesteinsart	Wichte [kN/m³]	Druckfestigkeit [N/mm²]	Biegezugfestigkeit [N/mm²]
Granit, Syenit	26–28	120–250	10–20
Diorit, Gabbro, Diabas	28–30	170–300	10–25
Porphyr	26–28	180–300	15–26
Dichte Kalke, Marmor	26–28	80–200	6–16
Kalksandstein, Konglomerat	17–26	20–80	4–15
Quarzsandstein	20–26	30–200	3–19
Travertin	24–25	20–60	4–10
Gneis	26–30	160–280	8–22
Quarzit	26–27	150–300	13–25
Serpentinit	26–28	110–210	9–18

Für die Montage sind maximal zulässige Ankerabstände und Fugenweiten in Abhängigkeit der thermischen Dehnungen des Natursteines festzulegen. Hinsichtlich der Anordnung der Anker kann zwischen einer Verankerung in der Horizontalfuge, der Verankerung in der Vertikalfuge und einer Punkthaltung in der Fläche (Hinterschnittdübel) unterschieden werden. Für die Verankerung mit dem Untergrund können nachfolgende Systeme ausgeführt werden:
- Einmörtelanker
- Anschraubanker
- Unterkonstruktionen

Die Anker werden hinsichtlich ihrer Tragfunktion in Halteanker zur Aufnahme der Belastungen durch den Winddruck und Windsog bzw. dynamische Belastungen und in Traganker mit zusätzlicher Aufnahme des Plattengewichtes eingeteilt. Bei der Wahl des entsprechenden Ankersystems sind auch die Verstellmöglichkeiten zur Plattenjustierung zu beachten. Für die Ankeranordnung ist besonders im Rand- und Eckbereich eine Verdichtung der Anker durch die höheren Winddruck- und Sogbeanspruchungen vorzusehen.

Abbildung 130.5-05: Natursteinfassade – Verankerung in Horizontalfuge

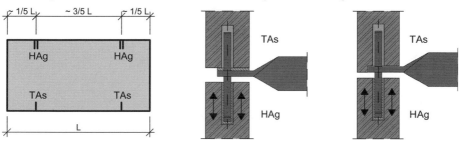

Abbildung 130.5-06: Natursteinfassade – Verankerung in Vertikalfuge

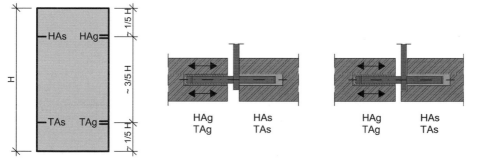

Abbildung 130.5-07: Natursteinfassade – Punkthaltung in der Plattenfläche – Fa. Fischer

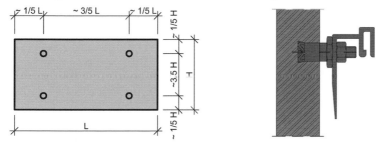

Beim Versetzen von Plattenverkleidungen an Wänden sind nach ÖNORM B 7213 [78] nachfolgende technische Bestimmungen einzuhalten:

- Das Seitenverhältnis von Wandverkleidungsplatten sollte nach Möglichkeit 1:2 nicht überschreiten, ausgenommen hiervon sind Leibungsplatten u. dgl.
- Abstände und Breiten der Dehnfugen sind nach den zu erwartenden thermisch bedingten Dehnungen festzulegen. Bei Plattenverkleidungen, die Witterungseinflüssen ausgesetzt sind, ist bei der Anordnung und Bemessung von Dehnfugen ein Temperaturbereich von -20°C bis +80°C anzunehmen.
- Sowohl gegen Ausbruch am Ankerdornloch als auch gegen Ausbrechen (Ausknicken) der Platten muss eine 3-fache Sicherheit, bei waagrechten oder schräg abgehängten Untersichten eine 5-fache Sicherheit unter Zugrundelegung der jeweiligen Lastansätze eingehalten werden.
- Für die Berechnung der Ankerdorn-Ausbruchfestigkeit ist bei Materialien, für die keine Prüfzeugnisse vorhanden sind, ein Drittel (Lotrechte oder Neigung ≤30° gegen die Vertikale) oder ein Fünftel (horizontale Untersichten oder Neigung >30° gegen die Vertikale) des niedrigsten in der Tabelle 130.5-02 jeweils angegebenen Wertes heranzuziehen.
- Die Dicken von Verkleidungsplatten sind nach statischer Berechnung zu bemessen und müssen mindestens die Werte der aufweisen. Sind im Außenbereich für eine Versetzhöhe bis maximal 3,5 m über Gelände- oder Gehsteigoberkante um maximal 1 cm dünnere Platten vereinbart, müssen in jedem Fall bis zu einer Höhe von 2,5 m Sicherheitsmaßnahmen gegen Stoßbelastung (z. B. rückseitige Glasfaserarmierung) getroffen werden.

Tabelle 130.5-03: Mindestdicken von Natursteinbekleidungen – ÖNORM B 7213 [78]

Platten aus Werkstein	Biegezugfestigkeit [N/mm²]	Dicke [cm]
Außenbereich	≥10	3
	<10	4
Innenbereich	≥10	2
	<10	3

Bei Verwendung von Hinterschnittdübeln dürfen die oben angeführten Werte um jeweils 1 cm reduziert werden, jedoch beträgt die Mindestplattendicke 2 cm.

- Die Luftschichte (Hinterlüftung) hinter den Verkleidungsplatten muss mindestens 20 mm dick sein. Die erforderliche Zirkulation der Luftschichte von hinterlüfteten Fassaden ist durch offene Fugen herzustellen. Bei Fassaden bis zu einer Höhe von 3,5 m darf zur erforderlichen Hinterlüftung auf offene Fugen verzichtet werden, wenn die Hinterlüftung durch untere Be- und obere Entlüftungsschlitze sichergestellt ist. Die Größe der Be- und Entlüftungsschlitze hat insgesamt je 1‰ bis 3‰ der verkleideten Fläche zu betragen. Besteht der Untergrund aus Materialien mit hoher Wasserdampfdurchlässigkeit, ist der höhere Wert zu veranschlagen. Die Luftaustrittsöffnung am oberen Ende der Verkleidung muss um etwa ein Drittel größer sein als die Lufteintrittsöffnung am Fuße der Fassade.
- Jede Verkleidungsplatte ist selbsttragend mit vier Befestigungspunkten am Untergrund zu verankern, in Sonderfällen an drei Befestigungspunkten. Gewände, Leibungen u. dgl. dürfen an der Fassadenplatte an zwei Punkten mit entsprechenden Ankerwinkeln befestigt werden. Die Befestigungspunkte sind derart anzuordnen, dass sich die Platten beim Auftreten von Temperatur- und Feuchtigkeitsdehnungen zwangsfrei bewegen können. Die Ermittlung der erforderlichen Anzahl von Ankern, die Bemessung ihrer Querschnitte und die Anordnung der Ankerdornlöcher in den Verkleidungsplatten aufgrund von statischen Berechnungen sowie die Überwachung des Versetzens von Ankern obliegen dem Auftragnehmer.

- Gebäudedehnfugen und aus dem Untergrund übernommene Dehnfugen sind zu berücksichtigen. Fenster, Türen, Beleuchtungs- und Reklamekonstruktionen sowie Gerüste und Ähnliches dürfen nicht an den Naturwerksteinplatten befestigt werden.
- Die Tragkraft des Ankerdorns ist nicht nachzuweisen, wenn sein Durchmesser mindestens 4 mm und die Breite der Fuge maximal 10 mm beträgt und die Belastung je Dornhälfte 750 N nicht überschreitet. Bei einer Fugenbreite von mehr als 10 mm bis 15 mm muss der Ankerdorn mindestens 6 mm dick sein.
- Ankerdornlöcher dürfen nur mit Bohrgeräten ohne Schlagwirkung gebohrt werden. Die Durchmesser der Ankerdornlöcher müssen mindestens 3 mm größer sein als die Durchmesser der eingemörtelten Ankerdorne. Müssen die Ankerdornlöcher Kunststoff-Gleitröhrchen aufnehmen, ist deren Außendurchmesser einschließlich Kunststoffkleber zu berücksichtigen. Die Tiefe der Ankerdornlöcher muss mindestens 30 mm betragen und mindestens 5 mm länger sein als die Länge der Ankerdorne. Vor dem Einbringen von Ankerdornen sind die gesäuberten Ankerdornlöcher mit feinkörnigem Mörtel oder geeigneten Füllstoffen auszufüllen.
- Die Anker müssen in tragfähigem Untergrund mit Mörtel oder mittels Dübel befestigt werden. Das Befestigen von Ankern in gefrorenem Untergrund ist unzulässig. Das Bohren von Ankerlöchern mit einem Durchmesser > 12 mm in schlanken oder hochbeanspruchten Bauwerksteilen (z. B. Stahlbetonstützen) darf nur im Einvernehmen mit dem Auftraggeber erfolgen.
- Leibungsplatten können dort, wo es die bauliche Situation erfordert, an anderen Platten befestigt bzw. verankert werden. Eine Verklebung darf in statischer Hinsicht nicht in Rechnung gestellt werden.
- Die Fugenbreite muss mindestens 5 mm betragen.

Abbildung 130.5-08: Trag- und Halteanker für Natursteinfassaden [127]

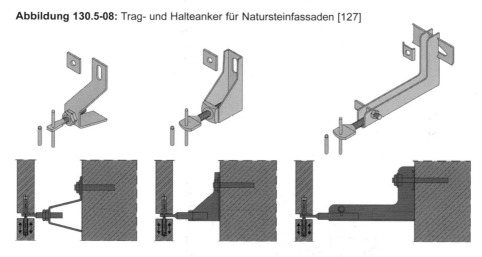

Trag- und Halteanker, Klammern, Dübel und Hinterschnittdübel, die der Witterung oder sonstigen schädlichen Einflüssen ausgesetzt sind, müssen aus nicht rostenden Stählen nach DIN 17440 [42], Werkstoffnummern 1.4401 und 1.4571, oder aus einem gleichwertigen Werkstoff bestehen. Sollten Verbindungen zwischen Plattenverankerungen und Metallunterkonstruktionen aus verschiedenen Metallen notwendig sein, so sind entsprechende Vorkehrungen zu treffen (z. B. Isolierschichten wegen möglicher Kontaktkorrosion). Anker und Verbindungsmittel aus Aluminium müssen den

Richtlinien der Hersteller und den statischen Erfordernissen entsprechen. Im Innenbereich dürfen diese Bauteile aus Buntmetallen, nicht rostenden Stählen oder korro-
sionsgeschützten Metallen (z.B. verzinkt oder mit einem geeigneten Schutzanstrich
versehen) hergestellt sein.

Abbildung 130.5-09: Halteanker für Natursteinfassaden [127]

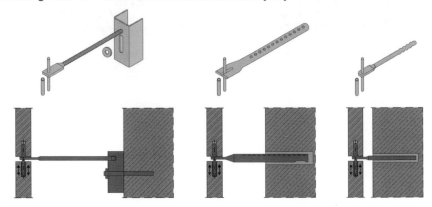

Abbildung 130.5-10: Hinterschnittanker und Unterkonstruktion für Natursteinfassaden

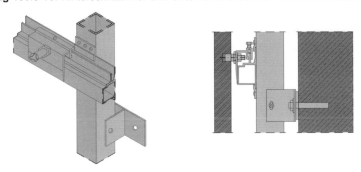

130.5.4   KERAMISCHE PLATTEN

Die Herstellung der keramischen Platten erfolgt im Strangpressverfahren mit an-
schließendem Trocken- und Brennvorgang bei 1000°C bis 1200°C. Durch die Verwendung verschiedener Tone und die Variation des Brennverfahrens entstehen unterschiedliche natürliche keramische Farben der witterungs- und frostbeständigen Platten. Die Plattenabmessungen variieren bei den Längen von 60 cm bis zu 150 cm, bei
den Plattenhöhen von 15 cm bis 50 cm und bei den Plattendicken von 3 cm bis 3,5 cm.

Beispiel 130.5-04: Produktbeispiele keramische Fassadenplatten [135]

Die Montage erfolgt ähnlich jener leichter Fassadenbekleidungen auf einer Unterkonstruktion je nach Plattenform mit speziellen Halterungen (Regelbereiche sowie obere, untere und seitliche Anschlüsse).

Abbildung 130.5-11: Fassadenschnitt vertikal – keramische Platten [135]

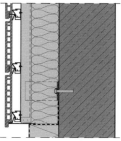
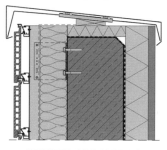

UNTERER ABSCHLUSS   **OBERER ABSCHLUSS**

Abbildung 130.5-12: Fassadenschnitt horizontal – keramische Platten [135]

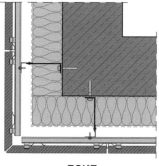
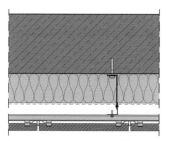

ECKE   **REGELBEREICH**

130.5.5 BETONFERTIGTEILELEMENTE

Neben der Montage von kleineren Betonfertigteilen in ähnlicher Form wie die der keramischen Platten können Betonfertigteile auch als einschalige massive Fassadenplatten für Sichtbetonfassaden ausgeführt werden. Der Vorteil dieser Systeme liegt in der Möglichkeit der Integration größerer Dämmstoffstärken im Vergleich zu Sandwichsystemen (siehe 130.6) und der zusätzlichen Hinterlüftung. Die massiven Platten weisen dabei Dicken von 12 cm bis 14 cm auf und sind mit denselben Systemen wie Sandwichplatten an der Tragkonstruktion verankert. Zur Kompensation von Ungenauigkeiten bei der Herstellung sollten bei den Fassadenplatten Toleranzen zwischen 30 mm und 40 mm vorgesehen werden.

Abbildung 130.5-13: Verankerungsvarianten einschaliger massiver Fassadenplatten [6]

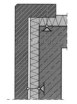
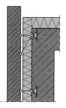
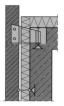

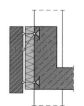
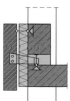

Abbildung 130.5-14: Verankerungssysteme Betonfassade [127]

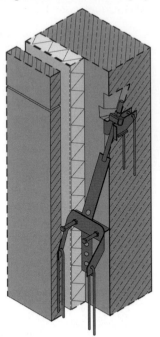
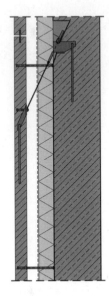

Bild 130.5-01   **Bild 130.5-02**

Bild 130.5-01: Wohnhaus mit Sichtziegelfassade – Belgien

Bild 130.5-02: Verwaltungsgebäude mit Sichtziegelfassade

Bild 130.5-03   **Bild 130.5-04**   **Bild 130.5-05**

Bild 130.5-03: historisches Sichtziegelgebäude – Brüssel

Bild 130.5-04: Bürohaus mit Klinkerfassade – Berlin

Bild 130.5-05: Bürohausfassade mit keramischen Platten – Litauen

Bild 130.5-06   **Bild 130.5-07**

Bild 130.5-06: Keramikfassade mit Keramikplatten

Bild 130.5-07: Keramikfassade mit Stabziegel

Bild 130.5-08   **Bild 130.5-09**

Bild 130.5-08: Verwaltungsgebäude mit Natursteinfassade

Bild 130.5-09: Detailbereich Natursteinfassade

Bild 130.5-10   **Bild 130.5-11**   **Bild 130.5-12**

Bild 130.5-10: Detailbereich Natursteinfassade

Bild 130.5-11: Natursteinfassade – Fensterlaibung und Sturz

Bild 130.5-12: Natursteinfassade – Plattenverankerung in der Horizontalfuge

Bild 130.5-13   **Bild 130.5-14**

Bilder 130.5-13 und 14: Fassaden mit Sichtbetonplatten

... für die Errichtung und

Umsetzung von ganzheitlichen

Ziegel – die 1. Wahl

Gebäudekonzepten

(Niedrigstenergiehaus,

Sonnenhaus, ...)

Die österreichische Ziegelindustrie bietet für Niedrigstenergiehäuser und andere ganzheitliche Gebäudekonzepte eine Vielzahl von Möglichkeiten der Außenwand- und Fassadengestaltungen für ein Höchstmaß an Wohnkomfort, Unabhängigkeit, Wirtschaftlichkeit und Langlebigkeit an, wobei grundsätzlich vier unterschiedliche Außenwand-/Fassadensysteme zur Verfügung stehen:

- Einschalige (Monolithische) Ziegelwand mit Putz

- Ziegel-Zweischalenwand (mehrschalige Ziegelwand) - Klinkerfassade oder verputzte Fassade
- Ziegelmauerwerk mit vorgehängter hinterlüfteter Ziegelfassade
- Ziegelwand mit Wärmdämmverbundsystem

Das monolithische Mauerwerk ist sicherlich das Spitzenprodukt österreichischer Ziegel-Wertschöpfung mit der optimierten Anordnung von Lochgeometrien in Kombination mit optimaler mineralischer Rohstoffaufbereitung. Die jüngste Entwicklung von Ziegel-Baustoffen mit innenliegender Mineralwolle bringt die monolithische Bauweise in technischer wie ökonomischer Weise wieder einen entscheidenden Schritt nach vorne.

Der Baustoff Ziegel überzeugt als vielseitiger Allrounder in allen drei Dimensionen der Nachhaltigkeit – er steht für verantwortungsvolles Bauen in wirtschaftlichen, ökologischen und sozialen Zusammenhängen.

ZIEGLERVERBAND

Zieglerverband • Anastasius-Grün-Str. 20 • A-4020 Linz
Tel. +43 (0) 732 77 54 38 • Fax +43 (0)732 77 54 38-73
office@zieglerverband.at • www.zieglerverband.at

Verband Österreichischer Ziegelwerke
Wienerbergstraße 11 • A-1100 Wien, Tel. +43 (0)1 587 33 46
Fax +43 (0)1 587 33 46-11 • verband@ziegel.at, www.ziegel.at

StaDt✝Wien

Die Magistratsabteilung 39 der Stadt Wien ist eine notifizierte Prüf- und Zertifizierungsstelle für Bauen, Wohnen und Umweltmedizin und betreibt Labors in den Bereichen

- Bau- und Sicherheitstechnik

- Bauphysik

- Lichttechnik

- Wasser- und Krankenhaushygiene

- Umweltmedizin

- Strahlenschutz

- Zertifizierungen

Telefon: 01/79 514-8039
E-Mail: post@ma39.wien.gv.at
Homepage: www.ma39.wien.at

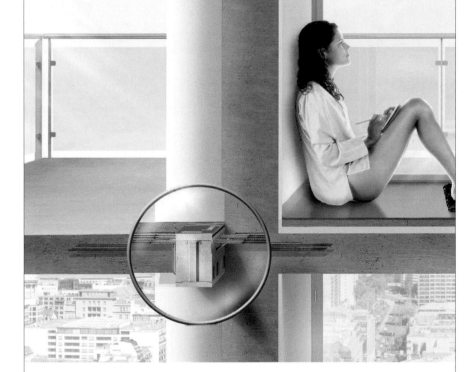

130.6 SELBSTTRAGENDE FASSADEN

Selbsttragende Fassaden sind Systeme für Skelettbauten, die nicht für die Abtragung von Bauwerkslasten herangezogen werden. Sie kommen verstärkt auch im Industriebau zur Anwendung. Die einzelnen Systeme variieren dabei von vorgehängten Fassadenkonstruktionen bis zu massiven und leichten Sandwichkonstruktionen.

130.6.1 VORHANGFASSADEN (CURTAIN-WALLS)

Vorhangfassaden sind funktionell vor dem tragenden Skelett montierte nichttragende Außenwände, die Beanspruchungen aus Eigengewicht, Wind und Erdbeben punktweise in die tragende Konstruktion ableiten. Aus Brandschutzgründen können auch massive Parapete hinter den Vorhangfassaden angeordnet werden. Hinsichtlich der Tragkonstruktion der Vorhangfassaden kann unterschieden werden zwischen einer:

- Pfosten-Riegel-Bauweise: Vertikale Hauptsprossen an den Deckenplatten und daran Querriegel und Fensterelemente montiert
- Elementfassade bzw. Paneelfassade: Fenster und Brüstungen werden auf Rahmen bzw. als Tafelkonstruktionen aus Sandwichplatten geschoßhoch vorgefertigt und ohne Sprossen direkt miteinander verbunden.

Die ÖNORM EN 13119 [104] legt die Terminologie für die Vorhangfassaden fest. Diese Begriffe werden einerseits in der CE-Kennzeichnung als auch in der Leistungserklärung des Herstellers verwendet und sollten auch im Rahmen der Ausschreibungen verwendet werden.

Abbildung 130.6-01: Konstruktionsarten von Vorhangfassaden [5]

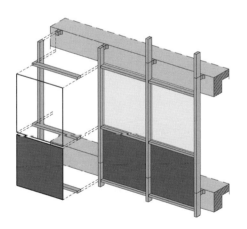 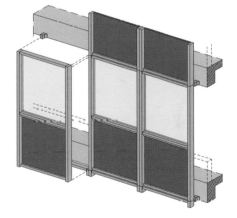

PFOSTEN-RIEGEL-BAUWEISE   ELEMENT-, PANEELBAUWEISE

Bei der Ausführung der Pfosten-Riegel-Bauweise kann unterschieden werden ob die Hauptsprossen (Pfosten) in vertikaler Richtung oder in horizontaler Richtung orientiert sind, wobei der ursprüngliche Ansatz der „Vorhangfassaden" von einer vertikalen Orientierung ausgeht. Im Skelettbau liegt hier auch die kürzere Spannrichtung und damit die geringere Beanspruchung vor allem zufolge Windkräften vor. Die zu den Hauptsprossen normal verlaufenden Riegel dienen dem Abschluss der einzelnen Felder für die Lagerung von Gläsern und Paneelen (siehe auch 130.7).

Abbildung 130.6-02: Ausführungsbeispiel Vorhangfassade [5]

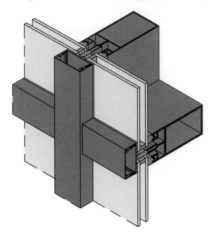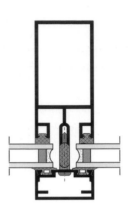

Der Einbau der Füllungen in die Pfosten-Riegel-Konstruktionen erfolgt bei heutigen Systemen fast durchgehend über sogenannte „Trockenverglasungssysteme". Bei diesen Verfahren werden die Isoliergläser und die Paneele mithilfe von elastischen Kunststoffprofilen gehalten und fixiert. Die Klotzungssysteme sind ähnlich wie bei den Fensterkonstruktionen (siehe Band 11: Fenster [12]).

Fassadenecken können über systemeigene Sonderelemente oder spezielle Sprossenausbildungen gelöst werden. Bei Sonderelementen ist eine bessere Anpassung an einen Modulraster möglich, sie sind aber meist mit höheren Kosten verbunden.

Abbildung 130.6-03: Eckausbildungen von Vorhangfassaden – schematisch [5]

INNENRUNDUNG   INNENKANTE   AUSSENRUNDUNG   FASE-KANTE   SCHARFE KANTE

Die Abbildung 130.6-04 zeigt anhand der Eckausbildungen die typischen Befestigungssysteme mit einer Profilschiene mit Kunststoffdichtungen und einer Abdeckkappe. Die Trockenverglasung bietet den Vorteil, dass thermische Längenänderungen, aber auch Verformungen infolge Windkraft von der Einspannung elastisch aufgenommen werden können und es zu keinen Zwängsspannungen kommt.

Die ÖNORM EN 13830 [116] regelt die Anforderungen an die Profilsysteme. Es werden die einzelnen Komponenten in verschiedenen Bauteilformen geprüft. Die Normen der werden zur Bestimmung der Leistungsanforderung und der Klassifizierung, die der Tabelle 130.6-02 für die Prüfung von Vorhangfassaden angewandt.

Tabelle 130.6-01: Vorhangfassaden – Leistungsanforderungen und Klassifizierung

ÖNORM EN 12152	Vorhangfassaden – Luftdurchlässigkeit
ÖNORM EN 12154	Vorhangfassaden – Schlagregendichtheit
ÖNORM EN 13116	Vorhangfassaden – Widerstand gegen Windlast
ÖNORM EN 14019	Vorhangfassaden – Stoßfestigkeit

Tabelle 130.6-02: Vorhangfassaden – Prüfung

ÖNORM EN 12153	Vorhangfassaden – Luftdurchlässigkeit
ÖNORM EN 12155	Vorhangfassaden – Schlagregendichtheit – Laborprüfung unter Aufbringung von statischem Druck
ÖNORM EN 12179	Vorhangfassaden – Widerstand gegen Windlast
ÖNORM EN 12600	Glas im Bauwesen – Pendelschlagversuch – Verfahren für die Stoßprüfung und die Klassifizierung von Flachglas

Die Abmessungen der Regelfelder stellen die typische konstruktive Auslegung des Fassadensystems dar, je nach Anwendungsfall können gemäß den Regeln der ÖNORM EN 13830 [116] die Abmessungen extrapoliert werden. Bei Überschreitung der maximal möglichen berechenbaren Feldgröße muss eine neuerliche Typprüfung oder eine Begutachtung vorgenommen werden. Aufgrund der Tatsache, dass an Fassaden in der Regel auch brandtechnische Anforderungen gestellt werden, wird für das Konformitätszertifikat auf Basis der CE-Kennzeichnung das System 1 angewandt. Dies bedeutet, dass auch eine Klassifizierung des Brandverhaltens gemäß den ÖNORMen EN 13501-1 [112] und EN 13051-2 [115] notwendig ist.

Neben Isoliergläsern werden auch Paneele für die Füllungen verwendet. Bei diesen Paneelen können unterschiedliche Aufbauten zur Anwendung kommen. Typisch sind Sandwich-Paneele mit Aluminium- Beplankung und einem Polyurethan-Schaumkern.

Abbildung 130.6-04: Beispiel Vorhangfassade Außenecke / Innenecke [5]

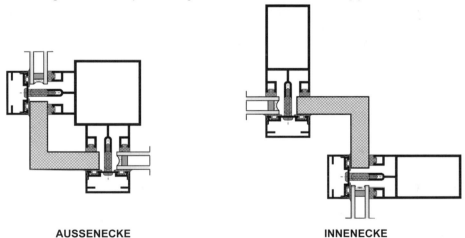

AUSSENECKE   INNENECKE

Die Oberflächenbehandlung der Aluminium-Profile erfolgt analog zu den Systemen aus dem Fensterbau mit einer Eloxierschicht oder einer farbig gestalteten Pulverbeschichtung (siehe Band 11: Fenster [12]). Basierend auf den weit verbreiteten Systemen mit gedämmten Aluminium-Profilen haben sich auch Pfosten-Riegel-Fassadensysteme mit Holzkonstruktionen etabliert. Für die Pfosten-Riegel wird entweder Konstruktionsvollholz (KVH) oder Brettschichtholz (BSH) verwendet. Die Verwendungsprinzipien und die Bauart-Prüfungen sind gleich zu behandeln wie in der ÖNORM EN 13830 [116] für die Aluminium-Profile beschrieben. Die farbliche Gestaltung ist entsprechend den Möglichkeiten für Holzoberflächen. Die Verbindungselemente in den Holzsystemen sind in der Regel Metallverbinder, die mithilfe einer Fräs- und Bohrtechnik in die einzelnen Bauteile eingefügt werden. Für die Halterung der Isolierglasscheiben oder Paneele werden Aluminium-Profile und ebenfalls Trockenverglasungs-Dichtprofile verwendet.

Abbildung 130.6-05: Anwendungsbeispiele für Pfosten aus Furnierschichtholz [131]

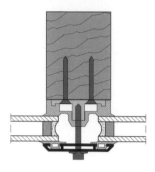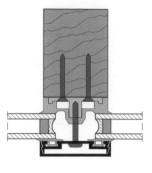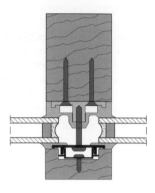

130.6.2 SANDWICHELEMENT-FASSADEN

Das industrielle Bauen nutzt vorgefertigte Sandwichelemente zur raschen Errichtung von Wand- und Dachsystemen. In der Zwischenkriegszeit wurden mit den großen Entwicklungsbemühungen zur Massenproduktion durch Neuentwicklungen bei der Vorfertigung erste Erfolge erzielt. Nach dem 2. Weltkrieg setzte mit dem Wiederaufbau eine Phase der rasanten Wirtschaftsentwicklung mit einer qualitativ und quantitativ sich rasch entwickelnden, vorgefertigten Bauproduktion ein. Die vorherrschenden Baumaterialien waren Stahlbeton und Stahlbleche.

Beispiel 130.6-01: Bauweisen mit Sandwichelementen

(1) Hausbau mit massiven Sandwichelementen
(2) Hallenbau mit leichten Sandwichelementen

Dabei können folgende konstruktive Unterscheidungen vorgenommen werden:
- Nach der Tragfunktion
    - tragende Wandelemente, die als Tafelbauweise gefügt werden
    - nichtragende Wandelemente, die auf einer Unterkonstruktion montiert werden
    - Subelemente, die in ein Fassadensystem integriert werden
- Nach dem Flächengewicht der Wandelemente
    - schwere Sandwich-Konstruktionen ($>300\,\mathrm{kg/m^2}$)
    - mittelschwere Sandwich-Konstruktionen ($150\,\mathrm{kg/m^2}$ bis $300\,\mathrm{kg/m^2}$)
    - leichte Sandwichelemente ($<150\,\mathrm{kg/m^2}$)

Stahlbeton wurde in Tafelbauweise als Sandwichelement mit anfangs noch vernachlässigter Wärmedämmung und einer Deckschale ebenfalls aus Beton oder sonstigen zumeist mineralischen Baustoffen in unterschiedlichen, patentierten Bausystemen vor allem im Wohnungsbau eingesetzt. Im Westen war das Camus-System die bekannteste Großtafelbauweise, die im Außenbereich überwiegend mit schweren Sandwichelementen ausgeführt wurde. Der hohe Rationalisierungsgrad erlaubte immer größer werdende, vielgeschoßige Stadtrandsiedlungen, die bis in die 1980er Jahre den Massenwohnbau prägten. Die funktionelle Monostrukturierung in sogenannte „Schlafstädte" und die erste Energiekrise führten zu einem Paradigmenwechsel und zu einer Diskreditierung des architektonisch entwickelten Fertigteilbaus zugunsten einer an historischen Symbolen orientierten Postmoderne. In den ehemaligen Ostblockländern wurde die Fertigteil-Großtafelbauweise bis zur Auflösung der Sowjetunion als Standardbauweise von Wohnbau beibehalten. Dabei ist seit den 1990er Jahren eine Stagnation der typologischen und strukturellen Entwicklung auch dort festzustellen. Erst mit der Jahrtausendwende sind wieder ernsthafte Weiterentwicklungen dieser weitgehend vorgefertigten Wandelemente in Sandwichkonstruktion mit massiven Kernwänden (mittlerweile finden auch Massivholzwandtafeln Anwendung), hocheffektiven Dämmschichten und neu entwickelten Faserbetondeckschalen auch im Wohnbau festzustellen.

Die Betondeckschalen der schweren Sandwichelemente können mit unterschiedlichen Oberflächenqualitäten ausgestattet werden. Die üblichsten Techniken sind:

- Fotobeton: Auf der Grundlage einer Fotodatei wird in einer Reihe von Arbeitsschritten die Fotobetonplatte hergestellt.
- Matrize / Relief: Die Herstellung erfolgt auf vorgefertigte oder individuell gefertigte Schalungsplatten, diese werden vertieft oder erhaben hergestellt.
- Farbvariationen: Die Betonrezeptur wird mit farbigen Natursteinkörnungen und Pigmenten in Kombination mit unterschiedlichen Oberflächenbearbeitungen ausgeführt.
- Gesäuerte Betonoberflächen: Durch das Aufbringen einer Säure wird die oberste Feinmörtelschicht der Betonoberfläche entfernt. Entsprechend der verwendeten Körnung wird eine matte Oberfläche erreicht, ähnlich wie man sie durch Stocken oder Flämmen bei Naturstein erzielt.
- Gestrahlte Betonoberflächen: Die oberste Feinmörtelschicht des erhärteten Fertigteils wird mithilfe eines besonderen Strahlgutes abgetragen.
- Geschliffene Betonoberflächen: Mit Diamantscheiben werden ca 3 bis 6 mm der Oberfläche abgeschliffen und die Struktur der Zuschlagkörner freigelegt. Eine edle an Konglomeratgestein erinnernde Oberfläche entsteht.
- Gewaschene Betonoberflächen: Die oberste Feinmörtelschicht des aushärtenden Fertigteils wird mithilfe eines Wasserstrahls abgetragen. Der Zuschlagstoff tritt mit seiner Materialfarbe deutlich hervor.

Im Bürobau werden heute wegen des hohen Tageslichtbedarfs und der tiefen Grundrisse kaum massive Sandwichelemente eingesetzt, hier kommen vorwiegend leichtere Elemente zum Einsatz. Im Hallen- und Betriebsbau ist hingegen die größte Kontinuität bei der Verwendung von massiven Sandwichelementen festzustellen. Vorwiegend werden dabei nichttragende Wandelemente auf Streifenfundamenten vor eine Fertigteilskelettkonstruktion in Stahlbeton gestellt.

Beispiel 130.6-02: Sandwichbauweise Kapsel

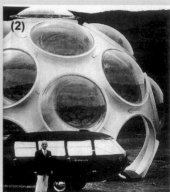

(1) Dymaxion House built by Butler Brothers 1941
(2) Dymaxion House 1CXK Buckminster Fuller

Im Leichtbau kommen Sandwichpaneele als Wand- und Dachplatten zum Einsatz. Der Schichtaufbau besteht im Regelfall aus einer Dämmschicht als Kern und beschichteten Metallblechen als beidseitige Deckschichten. Die Kernschichte fungiert als stabilisierender Abstandhalter und kann lose oder geklebt verbunden sein, was Einfluss auf die Steifigkeit der Tafelelemente hat. Abgestimmt auf den Verwendungszweck betragen die Dicken der Innenschale 0,50 bis 0,65 mm, die der Außenschale 0,55 bis 0,75 mm. Die Deckschalen sind am Markt als industrielle Halbzeuge profiliert, trapezförmig oder glatt erhältlich. Systemabhängig gibt es unterschiedliche Fügungstechniken und Fugenanschlüsse. Die Paneele sind raumseitig mit diffusionsarmen und außen witterungsdichten Oberflächen ausgestattet. Mit der Verwendungsmöglichkeit von mit Glasfaser- und Karbonfaser verstärkten Kunststoffen für die Deckschalen und von Vakuumdämmelementen als Kernschichte ist eine neue Generation von ultraleichten und stabilen Wandpaneelen möglich, die hochwärmegedämmte Elemente mit Wandstärken von um 50 mm zulassen. Die aktuelle Entwicklung im Extremleichtbau, angeleitet durch den Fahrzeugbau, versucht die Sandwichelemente des Bauwerks ähnlich einer Monocoque- oder Semimonocoque-Bauweise als optimierte Baugruppen zu erzeugen. Diese Spezialbauwerke werden von geräthaften Aspekten in Form und Funktion stark bestimmt.

Beispiel 130.6-03: Sandwichbauweise Fassade

(1) Hängehaus mit Sandwichwänden
(2) Fassadenverkleidung mit Sandwichelementen

130.6.2.1 SCHWERE SANDWICH-KONSTRUKTIONEN

Betonfertigteilfassaden können entweder wie Natursteinfassaden in hinterlüfteter Form (siehe 130.5.5) ausgebildet oder als Sandwichelemente montiert werden. Bei den Sandwichfassadenplatten handelt es sich in der Regel um zweischalige Verbundkonstruktionen, bei denen die Wetterschale von der Tragschale durch die Dämmung distanziert ist. Durch thermische Einwirkungen auf die Wetterschale ergeben sich zusätzliche Beanspruchungen, die mit den Regellastfällen zu überlagern sind. Als maximale Größenabmessungen sollte eine Länge von 7–8 m nicht überschritten werden.

Abbildung 130.6-06: Verformungen der Außenschale – thermische Einwirkungen

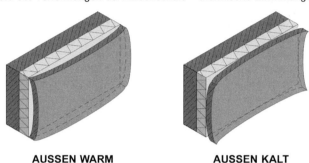

AUSSEN WARM   **AUSSEN KALT**

Je nach Bauabschnitt oder Geschoßhöhe wurde für die tragende Schale und für die Wetterschale auch Leichtbeton verwendet. Dieser Leichtbeton (Leichtzuschlagstoffe Schlacke oder Blähton) wurde mit unterschiedlichen Rohdichten ausgeführt. Diese Leichtbetonschalen sind besonders witterungsanfällig und sollten im Rahmen von Befundaufnahmen speziell untersucht werden.

Zur Verankerung zwischen der Wetterschale und der Tragschale sind sowohl Traganker wie auch Halteanker in Form von Torsionsanker und Ankernadeln erforderlich.

Abbildung 130.6-07: Ankerverbindungen von Sandwichfassaden

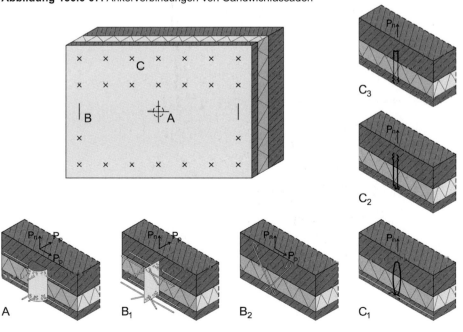

Sandwichplatten können sowohl lastabtragend wie auch nur in einem Skelett verankert ausgeführt werden. Als lastabtragendes Element ist die Tragschale entsprechend massiv auszubilden und die Anschlüsse zwischen den lastabtragenden Elementen zu dimensionieren.

Abbildung 130.6-09: Parapetträger in Sandwichbauweise eigenlasttragend [6]

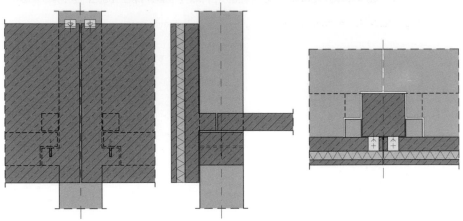

Abbildung 130.6-09: Parapetträger in Sandwichbauweise lastabtragend [6]

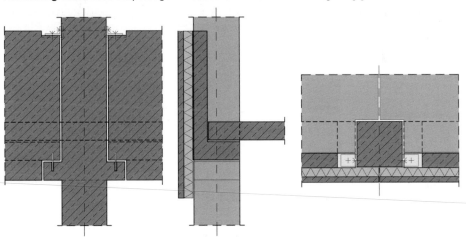

Abbildung 130.6-10: Kräfte und Befestigungsschema massiver Fassadenteile [6]

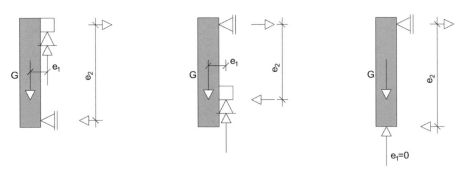

Da die Vorsatzschale mit der Tragschale schubfest verbunden ist, kann für die Dimensionierung der Verankerung das gesamte Element als Einheit angesehen werden. Die Verankerung an der Tragkonstruktion erfolgt dann aber nur über die Tragschale und sollte immer zwängungsfrei (als statisch bestimmtes System) unter Berücksichtigung möglicher Verformungen der Tragkonstruktion und der Sandwichplatte erfolgen und eine entsprechende an die Toleranzen angepasste Einstellbarkeit und Justierbarkeit besitzen.

Abbildung 130.6-11: Horizontalverankerungen an Stahlbetonstützen

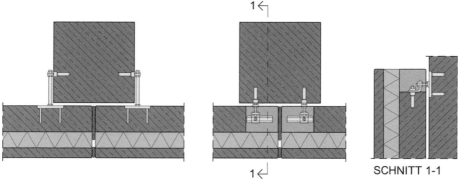

SCHNITT 1-1

Abbildung 130.6-12: Massive Sandwichfassaden – Ausbildung horizontaler Fugen

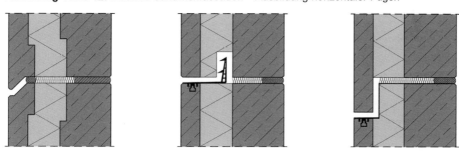

Abbildung 130.6-13: Eckausbildungen massiver Sandwichfassaden

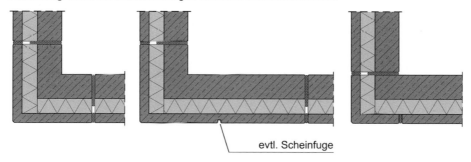

evtl. Scheinfuge

Im Rahmen von thermischen Sanierungen bei Betonfertigteil-Sandwich-Elementen wird in der Regel eine Ausführung mit einem Wärmedämmverbundsystem angewandt. Vorteil dieser Technologie ist, dass die Problemzone der vertikalen und horizontalen Fugen gelöst wird. Bauteilfugen sind jedoch auch im Wärmedämmverbundsystem auszubilden. Im Rahmen der Untorgrunduntersuchungen muss aber die Qualität der Verankerungen der äußeren Wetterschale kontrolliert werden. Bis in die Mitte der 1970er Jahre wurden noch teilweise Baustahlelemente aus konventionellem nicht korrosionsgeschützem Stahl verwendet. Hier kann es zu Problemen kommen. In Deutschland wurden zu Beginn der 1990er Jahre umfangreiche Untersuchungen durchgeführt, ob die Plattenbauten mit einem Wärmedämmverbundsystem ohne Ausbildung der horizontalen und vertikalen Fugen gedämmt werden können. Die Untersuchungen haben gezeigt, dass dies sehr leicht möglich ist. Es ist aber jedenfalls die Statik der Tragschale nachzuweisen, bei schweren Wärmedämmverbundsystemen mit Mineralwoll- oder Mineralschaumplatte kann es zu einer Überbelastung der Verbundelemente kommen. Spezielle Wetterschalendübel (Stahldübel zur Verankerung der Wetterschale) können eingesetzt werden.

130.6.2.2   LEICHTE SANDWICH-KONSTRUKTIONEN

Leichte Sandwichkonstruktionen bestehen meist aus dünnen profilierten Blechschalen mit zwischenliegender Wärmedämmung (PIR/PUR) und sind bezüglich der Belastung durch Wind- und Erdbebenkräfte selbsttragend. Für die am Markt befindlichen Systeme haben die Hersteller sowohl für die statisch-konstruktiven wie auch die bauphysikalischen Eigenschaften Tabellen und Bemessungsbehelfe bereitgestellt. Typische Baubreiten der einzelnen Wandplatten liegen bei 1,00 m bis 1,20 m mit Plattenlängen (= Wandhöhe) von bis zu 20 m.

Beispiel 130.6-04: Datenauszug Hoesch-Isowand vario [129]

Elementdicke d	Gewicht	Wärmedurchgangskoeffizient U[1]
[mm]	[kg/m²]	[W/(m².K)]
60	11,3	0,42
80	12,1	0,31
100	12,9	0,24
120	13,6	0,20
140	14,4	0,17

1) mit Fugeneinfluss

Die Montage der Platten erfolgt verdeckt im Bereich der Stöße oder sichtbar auf einer Unterkonstruktion und ist nach konstruktiven Kriterien zu bemessen.

Abbildung 130.6-14: Anschlussbeispiele Hoesch-Isowand [129]

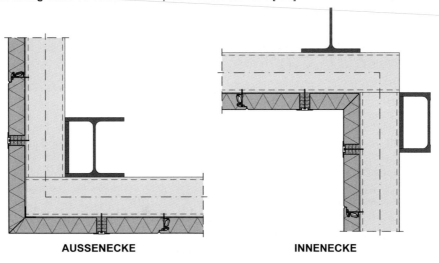

AUSSENECKE   INNENECKE

130.7 GLASFASSADEN

Der Werkstoff Glas hat ausgehend von Fenster- und Fensterbandkonstruktionen in der modernen Architektur die Gebäudehülle erobert. Glasfassaden sind in vielfältigsten Konstruktionen mit und ohne Rahmenwerkstoff bzw. auch in selbsttragender Funktion ausführbar. Betrachtet man die Entwicklung der Fassadenkonstruktionen, so wird deutlich, dass mit dem Loslösen des Systems Rahmen/Scheibe der formale Durchbruch gelungen war. Als letztendgültig punktgehaltene Systeme entwickelt und markttreif gemacht wurden, war klar, dass die endtragende Gebäudehülle, die die Funktion der Schlagregen- und Winddichtheit übernommen hat, auch statische Funktionen wie Windbelastung und Eigengewicht tragen kann.

Der Werkstoff Glas war aber auch hinsichtlich seiner Entwicklungsmöglichkeiten gefordert. Aus den normalen Floatglasscheiben wurden mithilfe von Härteverfahren vorgespannte Sicherheitsgläser bzw. mittels Verbundtechnik (Gießharz oder Folienverbund) Sicherheitsglasscheiben für die speziellen Überkopfanwendungen. Die Sicherheitsproblematik für Glasfassaden stellt eine enorme Herausforderung dar. Wenn man bedenkt, dass Fassadenflächen direkt an Verkehrswege anschließen, bis zum Hochhausbereich und darüber ausgeführt werden und dass bei Bruch einzelner Glasscheiben oft mehrere 100 kg Glasbruch abfallen, wird deutlich wie sorgfältig bei der Planung und konstruktiven Ausbildung vorgegangen werden muss. Folgende Konstruktionsarten für Glasfassaden werden unterschieden:

- Vollflächige Rahmenkonstruktionen
- Nurglasfassaden mit verdeckter Halterung
- Punktgehaltene Fassaden
- Doppelfassaden

130.7.1 GLAS IN DER ARCHITEKTUR

Das Bauelement Glas setzt sich mit dem neuen Gebäudetyp der Ausstellungshalle ab der Mitte des 19. Jhd. mit einem Paukenschlag in der Architekturgeschichte in Szene. Von Großbritannien ausgehend, über Frankreich und Deutschland entstehen leichte Eisenskelettkonstruktionen, deren Wand- und Dachflächen überwiegend aus vorgefertigten gläsernen Tafelelementen gebildet werden. Die Vorbilder und Techniken kommen aus dem architektonischen Gartenbau mit Zentren in Holland und Frankreich, der seit dem Barock durch die großartigen imperialen Gartenanlagen, einschließlich künstlicher Bewässerungsanlagen, Fontänen und beheizter Gewächshäuser, den Grundstein für umfassende Ingenieurkenntnisse in Statik, Vorfertigung und Projektorganisation geschaffen hat.

Beispiel 130.7-01: Ausstellungsbau

(1) Crystal Palace, 1851, J. Paxton, London, GB
(2) Glaspalast München 1854, August von Voit & Ludwig Werder, D

Der Crystal Palace von Joseph Paxton geplant und Charles Fox im Hydepark temporär zur ersten Weltausstellung 1851 errichtet, hatte eine Abmessung von 560 x 137 m und wurde in nur 17 Wochen mit 83.000 m² Glasflächen errichtet. Nach der Ausstellung wurde er abgebaut und im Londoner Stadtteil Lewisham neu aufgestellt, wo er bis zum Brand von 1936 bestand.

Beispiel 130.7-02: Bahnhofsbau

(1) St. Pancras Station, 1866–68, W. Barlows, London, GB
(2) Westbahnhof Budapest 1874–1877, G. Eifel, H

Bautechnisch verwandt mit den Ausstellungshallen waren die neu errichteten Großbahnhöfe der sich rasant entwickelnden Eisenbahnlinien, die ihre Abfahrts- und Ankunftsgleise mit weitgespannten, verglasten Hallen überdeckten.

Beispiel 130.7-03: Kaufhausbau

(1) Kaufhaus Wertheim, 1896, A. Messel, Berlin, D
(2) Kaufhaus Sameritaine, 1903+1933, Paris, F

In den Kernzonen der Städte entstanden neue Großkaufhäuser, die durch große Glasfassaden den Bürgern von der aufkommenden kollonialen Warenfülle und den Vorzügen der Massenproduktion direkt Eindruck geben sollten.

Beispiel 130.7-04: Industriebau

(1) AEG Turbinenhalle, 1908–1909, P. Behrens, Berlin, D
(2) Faguswerke, 1911–25, Gropius+Meyer, Leine, D

In den Industriezonen wurden immer größer werdende Werkhallen mit großzügigen Fassadenverglasungen zur ausreichenden Belichtung der Arbeitsabläufe ausgestattet. Als Tragstruktur dienten Stahlrahmenkonstruktionen und mit der Entwicklung des Eisenbetons wurden aus Brandschutzgründen bei mehrgeschoßigen Produktionsstätten zunehmend auch Stahlbetontragwerke eingesetzt. Diese Technologie bildete die konstruktive Voraussetzung zur Entwicklung von hochspezialisierten Verwaltungsbauten.

Beispiel 130.7-05: Verwaltungsbau

(1) Hochhausstudie, 1921–22, Mies v. d. Rohe
(2) Hochhausstudie Fassadenausschnitt, Mies v. d. Rohe

In den klassischen Architekturbereich hielt die Glasfassade erst etwas verzögert Einzug. Im Zuge der Weiterentwicklung des Typus des Verwaltungsbaus wurden ab den 1920er Jahren Curtain-Wall-Fassaden, also vor das Gebäudeskelett gehängte/gestellte Glasfassaden, für Bürohochhäuser in Europa entwickelt und nach dem 2. Weltkrieg in den USA rasant realisiert. Die Downtowns als wirtschaftliche Zentren von Großstädten markieren heute weltweit mit ihren Skyscraper-Silhouetten aus Glas das Image der Stadtbilder.

Beispiel 130.7-06: Hochhausbau

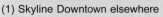

(1) Skyline Downtown elsewhere
(2) Skyline New York vom Central Park

130.7.2   VORSCHRIFTEN FÜR GLASFASSADEN

Von Seiten der Europäischen Kommission wurde mit einer eigenen Zulassungsleitlinie (ETAG 002: structural sealant glazing systems – SSGS [20]) und einem Zulassungsverfahren (CE Kennzeichnung) reagiert, die in Österreich veröffentlichten Normen der Serie ÖNORM B 3716 [64] [65] [66] [67] [68] für den konstruktiven Einsatz von Flachglas gehen ebenfalls spezifisch auf die Anwendungen ein.

Die Thematik der Befestigung von Glasscheiben und deren Sichtbarkeit hat über viele Jahre die architektonische wie auch die bautechnische Diskussion beeinflusst. Aufgrund von Sicherheitsüberlegungen und einer redundanten Befestigungstechnik ist heute in Österreich praktisch ausnahmslos die formschlüssige Befestigung von Bauteilen, die gegen Herabfallen zu sichern sind, vorgeschrieben. Dies bedeutet, dass Metallhaken über eingeschliffene Nuten in das Glas eingreifen und so eine zusätzliche Sicherung bieten.

Reine Verklebungen von Fassadengläsern benötigen in Österreich üblicherweise zusätzlich eine zweite Sicherung. Gemäß ETAG 002 [20] werden die folgenden Befestigungsarten für Glasscheiben vorgesehen:

Abbildung 130.7-01: Systeme von SSGS-Verglasungen – Schema nach ETAG 002 [20]

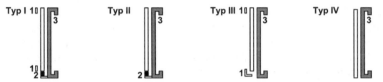

1   ZUSÄTZLICHES BEFESTIGUNGSELEMENT BEI KLEBEVERSAGEN
2   ABSTÜTZUNG FÜR EIGENGEWICHT
3   KONSTRUKTIVER RAHMEN FÜR ABDICHTUNG

Ähnlich wie bei Wärmedämmverbundsystemen, wo organische Materialien im Brandfall gefährlich sein können, gibt es auch für Glasfassaden umfangreiche Brandschutzvorschriften, die einerseits konstruktive Details und andererseits Materialvorgaben aufweisen.

Bei Gebäuden der Gebäudeklassen 4 und 5 sind vorgehängte hinterlüftete, belüftete oder nicht hinterlüftete Fassaden so auszuführen, dass eine Brandweiterleitung über die Fassadenoberfläche auf das zweite über dem Brandherd liegende Geschoß, das Herabfallen großer Fassadenteile sowie eine Gefährdung von Personen wirksam eingeschränkt werden [28].

130.7.3   VORGEHÄNGTE GLASFASSADEN

Werden die Windkräfte und Eigengewichtslasten über die Fassadenhaut abgetragen und die Lasteinleitung in den Rohbau über die Stirnseiten der Deckenkonstruktionen und der Wandscheiben abgeleitet so spricht man von vorgehängten Fassaden (curtain walls oder Vorhangfassaden). Diese Vorhangfassaden können auch mit leichten Fassadenbekleidungen wie HPL-Platten, Holz- oder Faserzementwerkstoffen versehen werden. Die Vorhangfassaden sind nach der ÖNORM EN 13830 [116] mit einem CE-Kennzeichen zu versehen und benötigen dafür eine Typprüfung. Folgende Parameter für die Kennzeichnung von vorgehängten Fassadensystemen sind nach ÖNORM EN 13830 [116] vorgesehen:

• Widerstand gegen Windkraft
• Eigenlast

- Stoßfestigkeit
- Luftdurchlässigkeit
- Schlagregendichtheit
- Luftschalldämmung
- Wärmedurchgang
- Feuerwiderstand
- Brandverhalten
- Brandausbreitung
- Dauerhaftigkeit
- Wasserdampfdurchlässigkeit
- Potenzialausgleich
- Erdbebensicherheit
- Temperaturwechselbeständigkeit
- Gebäude- und thermische Bewegungen
- Widerstand gegen dynamische Horizontalkräfte

Ähnlich wie bei Fensterkonstruktionen ist aus bauphysikalischen Gründen für die Rahmenkonstruktion ein thermisch getrenntes Profil notwendig. Die aktuell in Österreich geltenden Bauvorschriften der OIB-Richtlinie 6 [32] in Verbindung mit den heute üblichen Wärmeschutzwerten für hochwertige Gläser bedingen UF-Werte für die Materialien von < 1,0 W/mK.

Im Fassadenbau hat sich der Werkstoff Aluminium durchgesetzt, wobei auch vereinzelt Holzrahmenwerkstoffe zur Anwendung kommen. Sämtliche Anschlüsse, Profilausbildungen, Füllungen und Eckausbildungen sind dann auf das Verglasungssystem abzustimmen. Die mechanische Befestigung des Glases kann prinzipiell erfolgen durch:

- Pressleisten- oder Klemmleistenverglasung als lineare Lagerung, bei der die Scheiben über außenliegende Leisten an die innenseitige Primärkonstruktion angeschraubt und durch den Pressdruck auf zwischengelegten Dichtstoffen gehalten werden (Abbildungen 130.6-02 und 130.6-04). Eine Sonderform stellt die hängende Verglasung dar, bei der die Scheiben oberseitig mit Klammerkonstruktionen vom oberen Gebäudeabschluss abgehängt werden. Da die Vertikalfugen lediglich abzudichten sind, ergeben sich daraus Nur-Glas-Fassaden mit Glashöhen bis zu 10 m.
- Punktgehaltene Verglasungen mit durchbohrten Einzelhalterungen oder geklemmten Scheibenecken. Hier ist besonders auf eine zwängungsfreie Lagerung der Glasplatten sowie eine Vermeidung von Kantenpressungen auf die Glastafeln im Bereich der Befestigungspunkte zu achten.
- Structural glazing als lineare Lagerung, bei der die Scheibenbefestigung über spezielle Silikone und eine Verklebung erfolgt. In den meisten Fällen ist noch eine zusätzliche mechanische Befestigung erforderlich.

Abbildung 130.7-02: Glashaltungen [3]

| KLEMM-LEISTEN | PRESS-LEISTEN | PUNKT-HALTUNG GEKLEMMT | PUNKT-HALTUNG GEBOHRT | STRUCTURAL GLAZING GEKLEBT |

Bei farbig emailliertem Glas, das ausschließlich in der Qualität ESG oder ESG-H am Markt ist, wird an der der Witterung abgewandten Seite noch eine Emailschicht im Zuge des Härtevorganges aufgebracht.

Die Montage von punktgehaltenen Systemen erfordert eine hohe Präzision und Verarbeitungsgenauigkeit. Von namhaften Herstellern werden eigene Baukastensysteme (Kits) auf den Markt gebracht. Diese Systeme müssen für den Einbau und die Verwendung in Hochbauten eine Europäische Technische Zulassung aufweisen.

Abbildung 130.7-03: Fassadenbefestigung mittels Punkthaltung

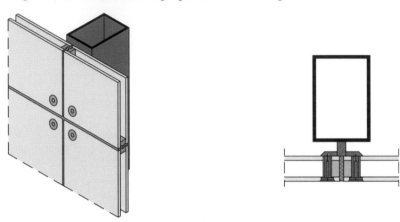

Abbildung 130.7-04: Fassadenbefestigung Structural-Glazing

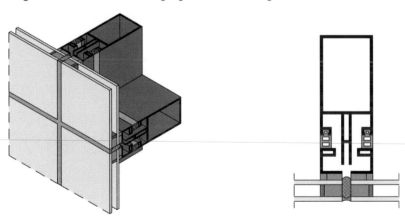

130.7.4   DOPPELFASSADENSYSTEME

Bei Doppelfassaden wird eine zweite Verglasung vor oder hinter der eigentlichen Gebäudehülle angeordnet, sodass eine Pufferzone zwischen den beiden Verglasungen entsteht, die entweder mit der Raumluft, der Außenluft oder einer Kombination von beiden in Verbindung steht. Der Ursprung der Doppelfassaden liegt in den Kastenfenstern. Hinsichtlich des Lüftungssystems kann unterschieden werden in:

- Abluftsysteme
- Zweite-Haut-Systeme ohne Fensterlüftung
- Zweite-Haut-Systeme mit Fensterlüftung

Abbildung 130.7-05: Systeme von Doppelfassaden [1]

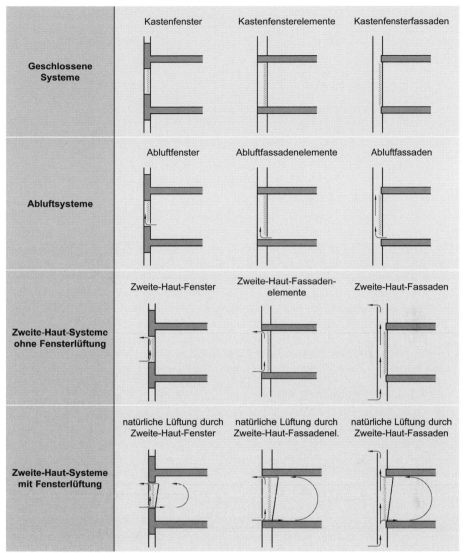

Bei den Abluftsystemen wird die zweite Verglasung raumseitig situiert, bei den „Zweite-Haut"-Fassaden außenseitig. Dem Nachteil der höheren Anschaffungskosten im Vergleich zu einschaligen Fassaden können nachfolgende Vorteile entgegengehalten werden:

- Reduktion der Wärmeverluste im Winter
- geringe Reinigungs- und Wartungskosten des Sonnenschutzes durch Anordnung im Spaltzwischenraum
- höherer Schallschutz
- unter bestimmten Bedingungen ein Entfall bzw. eine Reduktion der Raumklimatisierung möglich

Abbildung 130.7-06: Doppelfassaden – Schema Durchströmung [1]

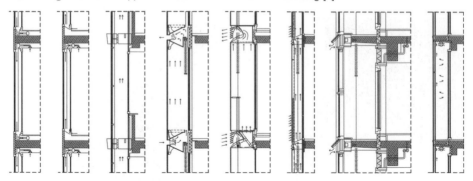

130.7.4.1   ABLUFTSYSTEME

Bei Abluftsystemen wird vor einer äußeren Isolierverglasung eine zusätzliche Einfach-
verglasung angeordnet. Den Wärme- und Wetterschutz übernimmt die Außenvergla-
sung, der Spaltzwischenraum kann über einen inneren Drehflügel gewartet und gereinigt werden. Hinsichtlich der Luftführung bestehen zwei Durchströmungsprinzipien:

- Die Abluft durchströmt den Fassadenzwischenraum von unten nach oben. Sie
  strömt durch einen Luftspalt unterhalb des Drehflügels in den Zwischenraum
  ein und wird im Bereich der abgehängten Decke wieder abgesaugt.
- Die Abluft durchströmt den Fassadenzwischenraum von oben nach unten. Die
  Raumluft wird durch Einströmöffnungen im Deckenbereich oder über die Be-
  leuchtungskörper gleichzeitig mit der Abluft aus dem Zwischenraum nach unten in den Bereich des Doppelbodens abgesaugt.

130.7.4.2   ZWEITE-HAUT-SYSTEME

Diese Systeme sind entsprechend dem Grundsatz des Kastenfensters mit der Wär-
meschutzverglasung an der Innenscheibe und einer zusätzlichen äußeren Vergla-
sungsebene für den Witterungsschutz ausgestattet. Je nach System kann eine
Fensterlüftung ermöglicht oder auch ausgeschlossen werden. Die Spaltzwischenräu-
me sind meist über mehrere Geschoße durchlaufend, die Lüftung erfolgt über die
Außenschale und kann in vielen Fällen mechanisch angesteuert werden.

Grundsätzlich ist eine Anwendung von Doppelfassaden nur nach genauer bauphysi-
kalischer Berechnung, vor allem im Hinblick auf den sommerlichen Wärmeschutz und
die Raumklimatisierung zu empfehlen, da bei falscher Dimensionierung der Lüftungs-
möglichkeiten des Zwischenraumes sehr leicht ungeeignete Klimabedingungen in
den angrenzenden Räumen entstehen können.

130.7.5   SCHRÄGVERGLASUNGEN

Für die Ausbildung von Schrägverglasungen gelten für die Wasserableitung die glei-
chen Grundsätze wie für Dachflächenfenster, d. h. es ist darauf zu achten, dass sich
keine Bereiche bilden können, in denen das Wasser stehen bleibt.

Schrägverglasungen finden hauptsächlich Anwendung bei Wintergärten, im Dachge-
schoßausbau sowie im Industriebau. Die Beanspruchung für das Glas und die Rahmen ist im schrägen Bereich wesentlich größer als bei vertikaler Ausführung. Besonderes Augenmerk ist auf die Ausbildung des schrägen Bauwerksanschlusses sowie
den Übergang von der Schräg- auf die Vertikalverglasung zu legen, wo bei Anforderungen hinsichtlich des Wärmeschutzes keine Wärmebrücken entstehen dürfen.

Abbildung 130.7-07: Ausführungsbeispiel Schrägverglasung – schematisch

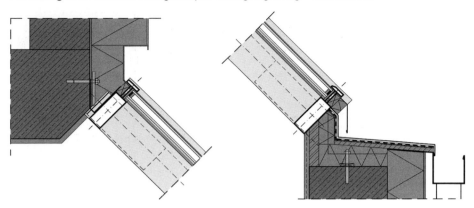

Bild 130.7-01

Bild 130.7-02

Bild 130.7-01: Glasfassade in Element-Bauweise

Bild 130.7-02: Glasfassade in Element-Bauweise als Fensterbandfassade

Bild 130.7-03   **Bild 130.7-04**   **Bild 130.7-05**

Bilder 130.7-03 und 04: Querschnittsbeispiele Pressleistenverglasungen

Bild 130.7- 05: Querschnittsbeispiel Glasleistenverglasungen

Bild 130.7-06   **Bild 130.7-07**   **Bild 130.7-08**

Bild 130.7-06: Glasfassade in Element-Bauweise

Bild 130.7-07: Glasfassade in Element-Bauweise mit vorgesetzten Lamellen

Bild 130.7-08: Glasfassade in Pfosten-Riegel-Bauweise

Bild 130.7-09 **Bild 130.7-10** **Bild 130.7-11**

Bild 130.7-09: Glasfassade in Element-Bauweise

Bild 130.7-10: Detailbereich Elementfassade

Bild 130.7-11: Structural Glazing Fassade

Bild 130.7-12 **Bild 130.7-13**

 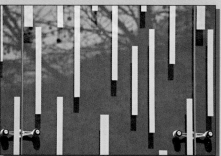

Bild 130.7-12: Glasfassade – punktgehaltene gebohrte Verglasung

Bild 130.7-13: Detailbereich Punkthaltung gebohrt

Bild 130.7-14 **Bild 130.7-15**

Bild 130.7-14: Glasfassade – punktgehaltene geklemmte Verglasung

Bild 130.7-15: Detailbereich Punkthaltung geklemmt

QUELLENNACHWEIS

Dipl.-Ing. Dr. Anton PECH – WIEN (A)
Autor und Herausgeber
Bilder: Titelbild, 130.2-03 und 04, 130.2-06, 130.3-05, 130.5-02 und 03, 130.5-08
bis 12, 130.5-14

Dipl.-Ing. Georg POMMER – WIEN (A)
Autor
Bild: 130.4-01

Arch. Dipl.-Ing. Johannes ZEININGER – WIEN (A)
Autor

*Ing. Dominic GRITSCH, Eva-Elisabeth PECH, DI. Johannes SCHUSTER, Sebastian
PECH, Matthias WEBER – WIEN (A)*
Layout, Zeichnungen, Grafiken, Bildformatierungen

DI (FH) Peter HERZINA – WIEN (A)
Layout, Bildformatierungen
Bild: 130.4-10

Dipl.-Ing. Gerhard KOCH – WIEN (A)
Bilder: 130.5-01, 130.5-04

Dipl.-Ing. Karlheinz HOLLINSKY – WIEN (A)
Bild: 130.4-02

Christian LAUTNER – WOLFSGRABEN (A)
Bilder: 130.2-01 und 02, 130.2-05, 130.2-07 bis 14 bis 16

Bmstr. Werner ZODL – SIERNDORF (A)
Bilder: 130.3-01, 130.3-04, 130.4-13 und 14

Bettina LEITNER – FH BAU WIEN (A)
Bild: 130.5-13

Rainer KRISTALOCZI – FH BAU WIEN (A)
Bild: 130.4-12

Thomas FISCHL – FH BAU WIEN (A)
Bild: 130.3-07

Adele STRONDL – FH BAU WIEN (A)
Bild: 130.3-10

ALUKÖNIGSTAHL GmbH – WIEN (A)
Bilder: 130.7-01 bis 10

GLASSOLUTIONS SAINT-GOBAIN Eckelt Glas GmbH – STEYR (A)
Bilder: 130.7-11 bis 14

ArGeTon GmbH – HANNOVER (D)
Bilder: 130.5-05, 130.5-07

Slavonia Baubedarf GesmbH – WIEN (A)
Bilder: 130.4-03 bis 09, 130.4-11, 130.4-13 und 14, 130.5-06

Henkel Central Eastern Europe Gesellschaft mbH – WIEN (A)
Bilder: 130.3-02 und 03, 130.3-06, 130.3-08 und 09, 130.3-11 und 12

LITERATURVERZEICHNIS

FACHBÜCHER

[1] *Blum, Compagno, Fitzner,…*: Doppelfassaden. Ernst & Sohn, Berlin. 2001
[2] *Dierks, Schneider, Wormuth*: Baukonstruktion. Werner-Verlag, Düsseldorf. 2002
[3] *Frick, Knöll, Neumann, Weinbrenner*: Baukonstruktionslehre Teil 1. Teubner, Stuttgart. 2002
[4] *Frick, Knöll, Neumann, Weinbrenner*: Baukonstruktionslehre Teil 2. Teubner, Stuttgart. 2004
[5] *Meyer-Bohe*: Baukonstruktionen im Hochbau. Bauverlag, Wiesbaden. 1987
[6] *Pauser*: Beton im Hochbau. Handbuch für den konstruktiven Vorentwurf. Bau+Technik, Düsseldorf. 1998
[7] *Pech, Kolbitsch*: Baukonstruktionen Band 2: Tragwerke. Springer-Verlag, Wien. 2007
[8] *Pech, Kolbitsch*: Baukonstruktionen Band 4: Wände. Springer-Verlag, Wien. 2005
[9] *Pech, Pöhn*: Baukonstruktionen Band 1: Bauphysik. Springer-Verlag, Wien. 2004
[10] *Pech, Pöhn, Bednar, Streicher*: Baukonstruktionen Band 1-1: Bauphysik Erweiterung 1: Energieeinsparung und Wärmeschutz, Energieausweis – Gesamtenergieeffizienz. Springer-Verlag, Wien. 2011
[11] *Pech, Pommer*: Baukonstruktionen Band 14: Fußböden. Ambra, Wien. (In Vorbereitung.) 2015
[12] *Pech, Pommer, Zeininger*: Baukonstruktionen Band 11: Fenster. Springer-Verlag, Wien. 2005

VERÖFFENTLICHUNGEN

[13] *Mayerhofer*: Verankerung von Natursteinfassaden. Systeme, Bauteilprüfung, Berechnung. Diplomarbeit TU-Wien, Institut für Hochbau, Wien. 1994

GESETZE, RICHTLINIEN

[14] *Bauordnung für Oberösterreich*: LGBl. Nr. 34/2013. Linz. 2013-04-30
[15] *Bauordnung für Vorarlberg*: LGBl. Nr. 29/2011. Bregenz. 2011-06-15
[16] *Bauordnung für Wien*: LGBl. Nr. 64/2012. Wien. 2012-11-05
[17] *Bautechnikgesetz Salzburg*: LGBl. Nr. 32/2013. Salzburg. 2013-04-12
[18] *Burgenländisches Baugesetz*: LGBl. Nr. 63/2008. Eisenstadt. 2013-02-06
[19] *ETAG 004*: Leitlinie für die Europäische technische Zulassung für außenseitige Wärmedämm-Verbundsysteme mit Putzschicht. 2000
[20] *ETAG 002*: Leitlinie für die Europäische technische Zulassung für geklebte Glaskonstruktionen. 2001
[21] *ETAG 014*: Leitlinie für die Europäische technische Zulassung für Kunststoffdübel zur Befestigung von außenseitigen Wärmedämm-Verbundsystemen mit Putzschicht. 2011
[22] *ETAG 034-1*: Die Leitlinie für die Europäische technische Zulassung für Bausätze für vorgehängte Außenwandbekleidungen – Teil 1: Bekleidungselemente und zugehörige Befestigungsmittel. 2012-04
[23] *ETAG 034-2*: Die Leitlinie für die Europäische technische Zulassung für Bausätze für vorgehängte Außenwandbekleidungen – Teil 2: Bekleidungselemente, zugehörige Befestigungsmittel, Unterkonstruktion und ggf. vorhandene Wärmedämmschicht. 2012-04
[24] *Kärntner Bauordnung*: LGBl. Nr. 64/2013. Klagenfurt. 2013-07-12
[25] *Niederösterreichische Bauordnung 1996*. St. Pölten. 2013-01-30
[26] *ÖAP – RL Fugen*: Richtlinie für Putzanschlüsse, Putzabschlüsse, Fugenprofile. Österreichische Arbeitsgemeinschaft Putz, Guntramsdorf. 2012-11-01
[27] Begriffsbestimmungen. Österreichisches Institut für Bautechnik, Wien. 2011-10-01
[28] *Richtlinie 2*: Brandschutz. Österreichisches Institut für Bautechnik, Wien. 2011-12-01
[29] *Richtlinie 2.1*: Brandschutz bei Betriebsbauten. Österreichisches Institut für Bautechnik, Wien. 2011-10-01
[30] *Richtlinie 2.2*: Brandschutz bei Garagen, überdachten Stellplätzen und Parkdecks. Österreichisches Institut für Bautechnik, Wien. 2011-10-01

[31] *Richtlinie 2.3*: Brandschutz bei Gebäuden mit einem Fluchtniveau von mehr als 22 m. Österreichisches Institut für Bautechnik, Wien. 2011-10-01
[32] *Richtlinie 6*: Energieeinsparung und Wärmeschutz. Österreichisches Institut für Bautechnik, Wien. 2011-10-01
[33] *Richtlinie 3*: Hygiene, Gesundheit und Umweltschutz. Österreichisches Institut für Bautechnik, Wien. 2011-10-01
[34] *Richtlinie 4*: Nutzungssicherheit und Barrierefreiheit. Österreichisches Institut für Bautechnik, Wien. 2011-10-01
[35] *Richtlinie 5*: Schallschutz. Österreichisches Institut für Bautechnik, Wien. 2011-10-01
[36] *Steiermärkisches Baugesetz*: LGBl. Nr. 83/2013. Graz. 2013-08-22
[37] *Tiroler Bauordnung*: LGBl. Nr. 48/2013. Innsbruck. 2013-05-22
[38] *WTA-Merkblatt 2-9-04/D*: Sanierputzsysteme Wissenschaftlich-technische Arbeitsgemeinschaft für Bauwerkserhaltung und Denkmalpflege. München. 10/2005

NORMEN

[39] *DIN 4108-3*: Wärmeschutz und Energie-Einsparung in Gebäuden – Teil 3: Klimabedingter Feuchteschutz; Anforderungen, Berechnungsverfahren und Hinweise für Planung und Ausführung. Deutsches Institut für Normung, Berlin. 2001-07-01
[40] *DIN 5033-1*: Farbmessung – Teil 1: Grundbegriffe der Farbmetrik. Deutsches Institut für Normung e. V., Berlin. 2009-05-01
[41] *DIN 5036-1*: Strahlungsphysikalische und lichttechnische Eigenschaften von Materialien; Begriffe, Kennzahlen. Deutsches Institut für Normung e. V., Berlin. 1978-07-01
[42] *DIN 17440*: Nichtrostende Stähle; Gütevorschriften. Deutsches Institut für Normung, Berlin. 1972-12-01
[43] *DIN 18515-1*: Außenwandbekleidungen – Teil 1: Angemörtelte Fliesen oder Platten; Grundsätze für Planung und Ausführung. Deutsches Institut für Normung, Berlin. 1998-08-01
[44] *DIN 18516-1*: Außenwandbekleidungen, hinterlüftet – Teil 1: Anforderungen, Prüfgrundsätze. Deutsches Institut für Normung, Berlin. 2010-06-01
[45] *ÖNORM B 1991-1-1*: Eurocode 1: Einwirkungen auf Tragwerke – Teil 1-1: Allgemeine Einwirkungen – Wichten, Eigengewicht, Nutzlasten im Hochbau – Nationale Festlegungen zu ÖNORM EN 1991-1-1 und nationale Ergänzungen. Österreichisches Normungsinstitut, Wien. 2011-12-01
[46] *ÖNORM B 1991-1-4*: Eurocode 1: Einwirkungen auf Tragwerke – Teil 1-4: Allgemeine Einwirkungen – Windlasten – Nationale Festlegungen zu ÖNORM EN 1991-1-4 und nationale Ergänzungen. Österreichisches Normungsinstitut, Wien. 2013-05-01
[47] *ÖNORM B 1991-1-7*: Eurocode 1: Einwirkungen auf Tragwerke – Teil 1-7: Allgemeine Einwirkungen – Außergewöhnliche Einwirkungen – Nationale Festlegungen zu ÖNORM EN 1991-1-7. Österreichisches Normungsinstitut, Wien. 2007-04-01
[48] *ÖNORM B 1998-1*: Eurocode 8: Auslegung von Bauwerken gegen Erdbeben – Teil 1: Grundlagen, Erdbebeneinwirkungen und Regeln für Hochbauten - Nationale Festlegungen zu ÖNORM EN 1998-1 und nationale Erläuterungen. Österreichisches Normungsinstitut, Wien. 2011-06-15
[49] *ÖNORM B 2207*: Fliesen-, Platten- und Mosaiklegearbeiten – Werkvertragsnorm. Österreichisches Normungsinstitut, Wien. 2007-09-01
[50] *ÖNORM B 2210*: Putzarbeiten – Werkvertragsnorm. Österreichisches Normungsinstitut, Wien. 2013-02-15
[51] *ÖNORM B 2213*: Steinmetz- und Kunststeinarbeiten – Werkvertragsnorm. Österreichisches Normungsinstitut, Wien. 2013-11-15
[52] *ÖNORM B 2215*: Holzbauarbeiten – Werkvertragsnorm. Österreichisches Normungsinstitut, Wien. 2009-07-15
[53] *ÖNORM B 2259*: Herstellung von Außenwand-Wärmedämm-Verbundsystemen – Werkvertragsnorm. Österreichisches Normungsinstitut, Wien. 2012-07-01
[54] *ÖNORM B 3113*: Planung und Ausführung von Steinmetz- und Kunststeinarbeiten. Österreichisches Normungsinstitut, Wien. 2013-11-15
[55] *ÖNORM B 3344*: Baustellengemischte Mauer- und Putzmörtel. Österreichisches Normungsinstitut, Wien. 2012-10-15

[56]   ÖNORM B 3345: Sanierputzsysteme für feuchtes und salzbelastetes Mauerwerk – An-
       forderungen, Prüfverfahren, Hinweise für die Verarbeitung. Österreichisches Normungs-
       institut, Wien. 2009-06-01

[57]   ÖNORM B 3346: Putzmörtel – Regeln für die Verwendung und Verarbeitung – Nationale
       Ergänzungen zu den ÖNORMEN EN 13914-1 und -2. Österreichisches Normungsinstitut,
       Wien. 2013-04-15

[58]   ÖNORM B 3347: Textilglasgitter für Putzarmierung. Österreichisches Normungsinstitut,
       Wien. 2004-09-01

[59]   ÖNORM B 3355-1: Trockenlegung von feuchtem Mauerwerk – Teil 1: Bauwerksdiagnose
       und Planungsgrundlagen. Österreichisches Normungsinstitut, Wien. 2011-01-15

[60]   ÖNORM B 3355-2: Trockenlegung von feuchtem Mauerwerk – Teil 2: Verfahren gegen
       aufsteigende Feuchtigkeit im Mauerwerk. Österreichisches Normungsinstitut, Wien.
       2011-01-15

[61]   ÖNORM B 3355-3: Trockenlegung von feuchtem Mauerwerk – Teil 3: Flankierende Maß-
       nahmen. Österreichisches Normungsinstitut, Wien. 2011-01-15

[62]   ÖNORM B 3419: Planung und Ausführung von Dacheindeckungen und Wandverkleidun-
       gen. Österreichisches Normungsinstitut, Wien. 2011-04-15

[63]   ÖNORM B 3661: Abdichtungsbahnen – Unterdeck- und Unterspannbahnen für Dachde-
       ckungen – Nationale Umsetzung der ÖNORM EN 13859-1. Österreichisches Normungs-
       institut, Wien. 2009-11-01

[64]   ÖNORM B 3716-1: Glas im Bauwesen – Konstruktiver Glasbau – Teil 1: Grundlagen.
       Österreichisches Normungsinstitut, Wien. 2013-02-15

[65]   ÖNORM B 3716-2: Glas im Bauwesen – Konstruktiver Glasbau – Teil 2: Linienförmig
       gelagerte Verglasungen. Österreichisches Normungsinstitut, Wien. 2013-04-01

[66]   ÖNORM B 3716-3: Glas im Bauwesen – Konstruktiver Glasbau – Teil 3: Absturzsichern-
       de Verglasung. Österreichisches Normungsinstitut, Wien. 2009-11-15

[67]   ÖNORM B 3716-4: Glas im Bauwesen – Konstruktiver Glasbau – Teil 4: Betretbare,
       begehbare und befahrbare Verglasung. Österreichisches Normungsinstitut, Wien.
       2009-11-15

[68]   ÖNORM B 3716-5: Glas im Bauwesen – Konstruktiver Glasbau – Teil 5: Punktförmig
       gelagerte Verglasungen und Sonderkonstruktionen. Österreichisches Normungsinstitut,
       Wien. 2013-04-01

[69]   ÖNORM B 3800-4: Brandverhalten von Baustoffen und Bauteilen – Bauteile: Einreihung
       in die Brandwiderstandsklassen. Österreichisches Normungsinstitut, Wien. 2006-09-01

[70]   ÖNORM B 3806: Anforderungen an das Brandverhalten von Bauprodukten (Baustoffen)
       für Luft führende Schächte und Lüftungsleitungen, Gebäudetrennfugen, Doppel- und
       Hohlraumböden. Österreichisches Normungsinstitut, Wien. 2012-10-01

[71]   ÖNORM B 3806: Anforderungen an das Brandverhalten von Bauprodukten (Baustoffen).
       Österreichisches Normungsinstitut, Wien. 2005-07-01

[72]   ÖNORM B 5320: Bauanschlussfuge für Fenster, Fenstertüren und Türen in Außenbau-
       teilen – Grundlagen für Planung und Ausführung. Österreichisches Normungsinstitut,
       Wien. 2006-09-01

[73]   ÖNORM B 6000: Werkmäßig hergestellte Dämmstoffe für den Wärme- und/oder Schall-
       schutz im Hochbau – Arten, Anwendung und Mindestanforderungen. Österreichisches
       Normungsinstitut, Wien. 2013-09-01

[74]   ÖNORM B 6122: Putzarbeiten – Werkvertragsnorm. Österreichisches Normungsinstitut,
       Wien. 2013-02-15

[75]   ÖNORM B 6124: Mechanische Befestigungen für Außenwand-Wärmedämm-Verbund-
       systeme (WDVS). Österreichisches Normungsinstitut, Wien. 2013-09-15

[76]   ÖNORM B 6400: Außenwand-Wärmedämm-Verbundsysteme (WDVS) – Planung. Öster-
       reichisches Normungsinstitut, Wien. 2011-09-01

[77]   ÖNORM B 6410: Außenwand-Wärmedämm-Verbundsysteme (WDVS) – Verarbeitung.
       Österreichisches Normungsinstitut, Wien. 2011-09-01

[78]   ÖNORM B 7213: Steinmetz- und Kunststeinarbeiten – Verfahrensnorm. Österreichisches
       Normungsinstitut, Wien. 2003-05-01

[79]   ÖNORM B 8110-2: Wärmeschutz im Hochbau – Teil 2: Wasserdampfdiffusion und Kon-
       densationsschutz. Österreichisches Normungsinstitut, Wien. 2003-07-01

[80]   *ÖNORM B 8115-2*: Schallschutz und Raumakustik im Hochbau – Teil 2: Anforderungen an den Schallschutz. Österreichisches Normungsinstitut, Wien. 2006-12-01

[81]   *ÖNORM DIN 18202*: Toleranzen im Hochbau – Bauwerke. Deutsches Institut für Normung e. V., Berlin. 2013-10-01

[82]   *ÖNORM EN 197-1*: Zement – Teil 1: Zusammensetzung, Anforderungen und Konformitätskriterien von Normalzement. Österreichisches Normungsinstitut, Wien. 2011-10-15

[83]   *ÖNORM EN 413-1*: Putz- und Mauerbinder – Teil 1: Zusammensetzung, Anforderungen und Konformitätskriterien. Österreichisches Normungsinstitut, Wien. 2011-06-15

[84]   *ÖNORM EN 438-6*: Dekorative Hochdruck-Schichtpressstoffplatten (HPL) – Platten auf Basis härtbarer Harze (Schichtpressstoffe) – Teil 6: Klassifizierung und Spezifikationen für Kompakt-Schichtpressstoffe für die Anwendung im Freien mit einer Dicke von 2 mm und größer. Österreichisches Normungsinstitut, Wien. 2005-05-01

[85]   *ÖNORM EN 459-1*: Baukalk – Teil 1: Begriffe, Anforderungen und Konformitätskriterien. Österreichisches Normungsinstitut, Wien. 2010-11-15

[86]   *ÖNORM EN 494*: Faserzement-Wellplatten und dazugehörige Formteile – Produktspezifikation und Prüfverfahren. Österreichisches Normungsinstitut, Wien. 2013-11-15

[87]   *ÖNORM EN 845-1*: Festlegungen für Ergänzungsbauteile für Mauerwerk – Teil 1: Maueranker, Zugbänder, Auflager und Konsolen. Österreichisches Normungsinstitut, Wien. 2013-09-01

[88]   *ÖNORM EN 998-1*: Festlegungen für Mörtel im Mauerwerksbau – Teil 1: Putzmörtel. Österreichisches Normungsinstitut, Wien. 2010-11-01

[89]   *ÖNORM EN 1991-1-1*: Eurocode 1: Einwirkungen auf Tragwerke – Teil 1-1: Allgemeine Einwirkungen – Wichten, Eigengewicht und Nutzlasten im Hochbau (konsolidierte Fassung). Österreichisches Normungsinstitut, Wien. 2011-09-01

[90]   *ÖNORM EN 1991-1-4*: Eurocode 1: Einwirkungen auf Tragwerke – Teil 1-4: Allgemeine Einwirkungen – Windlasten (konsolidierte Fassung). Österreichisches Normungsinstitut, Wien. 2011-05-15

[91]   *ÖNORM EN 1991-1-7*: Eurocode 1: Einwirkungen auf Tragwerke – Teil 1-7: Allgemeine Einwirkungen – Außergewöhnliche Einwirkungen (konsolidierte Fassung). Österreichisches Normungsinstitut, Wien. 2013-01-15

[92]   *ÖNORM EN 1996-2*: Eurocode 6: Bemessung und Konstruktion von Mauerwerksbauten – Teil 2: Planung, Auswahl der Baustoffe und Ausführung von Mauerwerk (konsolidierte Fassung). Österreichisches Normungsinstitut, Wien. 2009-11-15

[93]   *ÖNORM EN 1998-1*: Eurocode 8: Auslegung von Bauwerken gegen Erdbeben – Teil 1: Grundlagen, Erdbebeneinwirkungen und Regeln für Hochbauten (konsolidierte Fassung). Österreichisches Normungsinstitut, Wien. 2013-06-15

[94]   *ÖNORM EN 12152*: Vorhangfassaden: Luftdurchlässigkeit – Leistungsanforderungen und Klassifizierung. Österreichisches Normungsinstitut, Wien. 2002-05-01

[95]   *ÖNORM EN 12153*: Vorhangfassaden: Luftdurchlässigkeit – Prüfverfahren. Österreichisches Normungsinstitut, Wien. 2000-10-01

[96]   *ÖNORM EN 12154*: Vorhangfassaden: Schlagregendichtheit – Leistungsanforderungen und Klassifizierung. Österreichisches Normungsinstitut, Wien. 2000-03-01

[97]   *ÖNORM EN 12155*: Vorhangfassaden: Schlagregendichtheit – Laborprüfung unter Aufbringung von statischem Druck. Österreichisches Normungsinstitut, Wien. 2000-10-01

[98]   *ÖNORM EN 12179*: Vorhangfassaden: Widerstand gegen Windlast – Prüfverfahren. Österreichisches Normungsinstitut, Wien. 2000-10-01

[99]   *ÖNORM EN 12467*: Faserzement-Tafeln – Produktspezifikation und Prüfverfahren. Österreichisches Normungsinstitut, Wien. 2012-11-15

[100]   *ÖNORM EN 12600*: Glas im Bauwesen – Pendelschlagversuch – Verfahren für die Stoßprüfung und die Klassifizierung von Flachglas. Österreichisches Normungsinstitut, Wien. 2003-05-01

[101]   *ÖNORM EN 12878*: Pigmente zum Einfärben von zement- und/oder kalkgebundenen Baustoffen – Anforderungen und Prüfverfahren (konsolidierte Fassung). Österreichisches Normungsinstitut, Wien. 2006-06-01

[103]   *ÖNORM EN 13116*: Vorhangfassaden – Widerstand gegen Windlast – Leistungsanforderungen. Österreichisches Normungsinstitut, Wien. 2001-11-01

[104]   ÖNORM EN 13119: Vorhangfassaden – Terminologie (mehrsprachige Fassung: de/en/fr). Österreichisches Normungsinstitut, Wien. 2007-07-01

[105]   ÖNORM EN 13162: Wärmedämmstoffe für Gebäude – Werkmäßig hergestellte Produkte aus Mineralwolle (MW) – Spezifikation. Österreichisches Normungsinstitut, Wien. 2013-01-15

[106]   ÖNORM EN 13163: Wärmedämmstoffe für Gebäude – Werkmäßig hergestellte Produkte aus expandiertem Polystyrol (EPS) – Spezifikation. Österreichisches Normungsinstitut, Wien. 2013-03-01

[107]   ÖNORM EN 13164: Wärmedämmstoffe für Gebäude – Werkmäßig hergestellte Produkte aus extrudiertem Polystyrolschaum (XPS) – Spezifikation. Österreichisches Normungsinstitut, Wien. 2013-01-15

[108]   ÖNORM EN 13165: Wärmedämmstoffe für Gebäude – Werkmäßig hergestellte Produkte aus Polyurethan-Hartschaum (PU) – Spezifikation. Österreichisches Normungsinstitut, Wien. 2013-01-15

[109]   ÖNORM EN 13170: Wärmedämmstoffe für Gebäude – Werkmäßig hergestellte Produkte aus expandiertem Kork (ICB) – Spezifikation. Österreichisches Normungsinstitut, Wien. 2013-01-15

[110]   ÖNORM EN 13171: Wärmedämmstoffe für Gebäude – Werkmäßig hergestellte Produkte aus Holzfasern (WF) – Spezifikation. Österreichisches Normungsinstitut, Wien. 2013-01-15

[111]   ÖNORM EN 13279-1: Gipsbinder und Gipstrockenmörtel – Teil 1: Begriffe und Anforderungen. Österreichisches Normungsinstitut, Wien. 2008-11-01

[113]   ÖNORM EN 13501-1: Klassifizierung von Bauprodukten und Bauarten zu ihrem Brandverhalten – Teil 1: Klassifizierung mit den Ergebnissen aus den Prüfungen zum Brandverhalten von Bauprodukten. Österreichisches Normungsinstitut, Wien. 2002-06-01

[112]   ÖNORM EN 13501-1: Klassifizierung von Bauprodukten und Bauarten zu ihrem Brandverhalten – Teil 1: Klassifizierung mit den Ergebnissen aus den Prüfungen zum Brandverhalten von Bauprodukten. Österreichisches Normungsinstitut, Wien. 2009-12-01

[114]   ÖNORM EN 13501-1: Klassifizierung von Bauprodukten und Bauarten zu ihrem Brandverhalten – Teil 1: Klassifizierung mit den Ergebnissen aus den Prüfungen zum Brandverhalten von Bauprodukten. Österreichisches Normungsinstitut, Wien. 2009-12-01

[115]   ÖNORM EN 13501-2: Klassifizierung von Bauprodukten und Bauarten zu ihrem Brandverhalten – Teil 2: Klassifizierung mit den Ergebnissen aus den Feuerwiderstandsprüfungen, mit Ausnahme von Lüftungsanlagen. Österreichisches Normungsinstitut, Wien. 2010-02-15

[116]   ÖNORM EN 13830: Vorhangfassaden – Produktnorm. Österreichisches Normungsinstitut, Wien. 2013-07-01

[117]   ÖNORM EN 13914-1: Planung, Zubereitung und Ausführung von Innen- und Außenputzen – Teil 1: Außenputz. Österreichisches Normungsinstitut, Wien. 2013-10-01

[118]   ÖNORM EN 13914-2: Planung, Zubereitung und Ausführung von Innen- und Außenputzen – Teil 2: Planung und wesentliche Grundsätze für Innenputz. Österreichisches Normungsinstitut, Wien. 2013-10-01

[119]   ÖNORM EN 13947: Wärmetechnisches Verhalten von Vorhangfassaden – Berechnung des Wärmedurchgangskoeffizienten. Österreichisches Normungsinstitut, Wien. 2007-08-01

[120]   ÖNORM EN 14019: Vorhangfassaden – Stoßfestigkeit – Leistungsanforderungen. Österreichisches Normungsinstitut, Wien. 2004-09-01

[121]   ÖNORM EN 15824: Festlegungen für Außen- und Innenputze mit organischen Bindemitteln. Österreichisches Normungsinstitut, Wien. 2009-08-15

[122]   ÖNORM EN ISO 140-3: Akustik – Messung der Schalldämmung in Gebäuden und von Bauteilen – Teil 3: Messung der Luftschalldämmung von Bauteilen in Prüfständen (konsolidierte Fassung). Österreichisches Normungsinstitut, Wien. 2005-04-01

[123]   ÖNORM EN ISO 717-1: Akustik – Bewertung der Schalldämmung in Gebäuden und von Bauteilen – Teil 1: Luftschalldämmung (ISO 717-1.2013). Österreichisches Normungsinstitut, Wien. 2013-06-15

INTERNET

[124]   *3A Composites GmbH*: http://www.alucobond.com. Singen/Hohentwiel.
[125]   *ALUKÖNIGSTAHL GmbH*: http://www.alukoenigstahl.com. Wien.
[126]   *FunderMax GmbH*: http://www.fundermax.at. St. Veit/Glan.
[127]   *HALFEN Gesellschaft m. b.H.*: http://www.halfen.at. Wien.
[128]   *Heinl Bauelemente e. K.*: http://www.heinl-bauelemente.de. Illschwang.
[129]   *Hoesch Bausysteme GmbH*: http://www.hoesch.at. Scheifling.
[130]   *K. Schütte GmbH*: http://www.schuette-aluminium.de. Ganderkesee.
[131]   *Metsä Wood Deutschland GmbH*: http://www.metsawood.de. Bremen.
[132]   *Müller Aluminium-Handel GmbH*: http://www.mueller-alu.de. Harpstedt.
[133]   *Österreichische Gesellschaft für Holzforschung*: http://www.infoholz.at. Wien.
[134]   *Österreichischer Fachverband für hinterlüftete Fassaden(ÖFHF)*: http://www.oefhf.at.
        Brunn am Gebirge.
[135]   *Wienerberger AG - ARGETON*: http://www.wienerberger.at. Wien.

SACHVERZEICHNIS

A

Abluftsystem 142, 143, 144

Abschluss 80

Absturzsicherung 22

Akustikputz 48

Alucobond® 102

Anfahrstoß 19

angemörtelte Bekleidung 110

Ankerdorn 117

Ankernadel 133

Ankerverbindung 133

Anschlussfuge 61

Anschraubanker 115

Armierungsschicht 79

Arts-and-Crafts-Bewegung 6

Außenlärmpegel 16

Außenputz 40

außergewöhnliche Einwirkung 24

B

Barock 4

Basiswindgeschwindigkeit 21

Baugrundklasse 24

Bauhaus 33

Baumethode 2

Baustellenmörtel 43

Baustoffklassifizierung 16

Bautechnologie 2

Bauweise 11

Befestigungselement 95

Betonfassade 120

Betonfertigteilelement 119

Betonfertigteilfassade 133

Betonwerksteinplatte 111

Bewegungsfugen 76

Bindemittel 41

Bodenparameter 24

Brandschutz 16, 17, 24, 25, 29

Brandschutzanforderung 16

Brandschutzputz 48

Brandschutzriegel 71

Brandverhalten 67

Brettschalung 97

Brüstungsbauweise 87

C

Curtainwall-Fassade 8

D

Dachplatte 87, 101

Dachziegel 87, 101

Dämmstoff 38, 67, 96

Dämmstoff-Rondell 72

Dampfdiffusionsstrom 18

Dampfdiffusionswiderstand 68

Deckschicht 74

Dehnfuge 57, 59

Dehnfugenprofil 81

Dehnungsfuge 112, 113

Dichtputz 49

Dickbett 111

Doppeldeckung 100

Doppelfassade 137, 142, 143

Doppelfassadensystem 142

Drahtanker 113

Drahtziegelgewebe 39

Dübelschemata 72

Dübelung 72

Dünnbett 111

Dünnschichtputz 48

E

Ebenheit 76

Ebenheitstoleranz 51

Eckausbildung 79, 128

Edelputz 40

Edelputzmörtel 44

Eigengewichtsbelastung 19, 20

Einfachdeckung 100

Einlagenputz 52

Einlagenputzmörtel 44

Einmörtelanker 115

Elementbauweise 87

Elementfassade 127

Energieausweis 14

Energieeffizienz 3

Erdbebeneinwirkung 19, 22

expandierter Kork 69

expandiertes Polystyrol 67, 68

extrudiertes Polystyrol 70

F

Faserzementkleintafel 101

Faserzementplatte 99, 100

Faserzementprodukt 87

Fassadenbefestigung 142

Fassadenbekleidung 98

Fassadenlamelle 97

Fassadenwartung 27, 28

Feinputz 40

Fensteranschluss 81

Fensterkonstruktion 141

Feuchteschutz 18

Feuchtigkeit 27

Fliese 111

form follows energy 9

form follows fiction 9

form follows function 8, 9

Fugen 81

Fugenausbildung 81

Furnierschichtholz 130

G

Gebäudedehnfuge 117

Gebäudehülle 1, 12

Gebäudeklasse 16, 17, 18

Geländekategorie 21

Gesamtenergieeffizienz 14

Gesimse 61

Gips 42

Gipskalkmörtel 45

Gipsmörtel 46

Gipsputz 45

Glasfassade 137, 140

Glättputz 55

Grobputz 40

Großtafelbauweise 99

H

Halteanker 117, 133

Hellbezugswert 54, 55, 66

hinterlüftete Fassade 90, 92, 94, 96

Hinterlüftung 94

Hinterlüftungsquerschnitt 92

Hinterschnittanker 118

Hinterschnittdübel 117

Historismus 2, 6, 31

Hochdruckschichtplatte 103

Holzschindelfassade 27

Holzweichfaserplatte 70

Holzwerkstoff 38, 87, 97

Horizontalkraft 19, 22

HPL-Platte 103

I

Innenputz 53, 56

Isowand 136

J

Jugendstil 5, 6, 31

K

Kalk 42

Kantenausbildung 60

Kantenschutzwinkel 79

Kellenputz 55

keramische Platte 118

keramische Spaltplatte 111

Klassizismus 5

Klebemörtel 70, 71

Kleintafel 100

Klemmleistenverglasung 141

Klimahülle 13

Kondensat 18

Kondensation 18

Kondensationsschutz 18

Konditionierungsgrenze 12

Konsolanker 113

Kratzputz 55

Kunstharzputz 44

Kunststoffplatte 103

L

Lehmbauweise 29

Lehmputz 48

Leibungsplatte 117

Leichtputzmörtel 44

M

Magnesit 38

Mantelbeton 38

Maschinenputz 52

Massivholzplatte 99

Mauerbinder 41

Mauerwerk 38

Mauerwerksystem 112

Mehrlagenputz 52

Metallfassade 101

Metallunterkonstruktion 95

Mineralschaumplatte 69

Mineralwolle 67, 69

Moderne 31

Mörteleigenschaften 44

N

Nachhaltiges Bauen 9

Natursteinbekleidung 116

Natursteinfassade 114, 115

Naturwerksteinplatte 111

Neue Sachlichkeit 7

Neugotik 31

Neuzeit 2, 3

Normalputzmörtel 44

Nurglasfassade 137

O

Oberputz 40, 44, 54, 75, 77

Opferputz 48

P

Paneelfassade 127

Patschokk 55

Perimeterdämmung 78

Pfosten-Riegel-Bauweise 127

Pfosten-Riegel-Konstruktion 87

Phenolharz-Hartschaumstoff 70

Postmoderne 8

Pressleistenverglasung 141

Profilblech 101

punktgehaltene Fassade 137

punktgehaltene Verglasung 141

Putz 35

Putzarmierung 54

Putzaufbau 36, 40

Putzaufbringung 49, 51

Putzdicke 53

Putzfassade 27, 29, 31, 36

Putzfuge 57

Putzgrund 39

Putzmörtel 35, 41, 43

Putzoberfläche 54

Putzprofile 58

Putzträger 37, 39

Putztrennfuge 60

Putzuntergrund 37

R

Rabitzgewebe 39

Randverdübelung 72

Referenzbodenbeschleunigung 23

Reibputz 55

Renaissance 3

Rieselwurf 55

Rokoko 5

S

Sandwichelement 130

Sandwichkonstruktion 127, 136

Sandwichplatte 134

Sanierausgleichsmörtel 47

Sanierfeinputzmörtel 47

Sanierputz 37, 41, 47

Sanierputzmörtel 44, 47

Saniervorspritzer 47

Säulenordnung 4

Schallimmission 15

Schallschutz 15, 24, 26

Schallschutzanforderung 15

Schaufassade 3, 12

Schilfmatte 39

Schindeldeckung 100

Schindelfassade 97

Schlagregen 18, 93

Schrägverglasung 144, 145

Sichtmauerwerk 112, 113

Silikatputz 77

Silikonharzputz 45

Skelettbauten 127

Sockelabschluss 78

Sockelausbildung 79

Sockeldämmung 78

Sockelputzmörtel 47

Spaltziegelplatte 111

Sperrholzplatte 99

Sperrputz 49

Spritzbewurf 40

Spritzputz 55

Stilepoche 1, 10

Stilkonzept 2

structural glazing 141

Strukturputz 55

Stülpschalung 97

T

Textilglasarmierung 74

Textilglasgitterarmierung 66

Toleranz 95

Torsionsanker 133

Tragschale 136

Trasszement 42

Trennfuge 57

U

Unterkonstruktion 94

Unterputz 40, 74, 75, 77

V

Verbandsregel 71

Verbundplatte 101

Verklebung 70, 71, 77

Verputz 35

Vitruv 3

Vollwärmeschutz 65

vorgehängte Glasfassade 140

Vorhangfassade 87, 91, 127, 128, 140

Vormauerung 113

Vorsatzschale 113, 135

Vorspritzer 52

W

Wandbekleidung 87, 94, 109

Wärmebrücke 14

Wärmedämmplatte 71

Wärmedämmputz 49

Wärmedämmputzmörtel 44

Wärmedämmverbundsystem 19, 28, 34, 65, 72, 135

Wärmeleitfähigkeit 68

Wärmeschutz 14, 15, 24, 27

Waschelputz 55

Welleternit 100

Werktrockenmörtel 43, 48

Wetterschale 133

Winddichtheit 80

Windkraft 19, 20

Wintergarten 144

Witterungsschutz 18, 29

Z

Zahnspachtel 71

Zement 42

zweischaliges Mauerwerk 113

Zweite-Haut-System 142, 144